Ruparao Gahukar

Pragas domésticas e estruturais de artrópodes

Ruparao Gahukar

Pragas domésticas e estruturais de artrópodes

ScienciaScripts

Imprint

Cover image: www.ingimage.com

This book is a translation from the original published under ISBN 978-613-3-99160-6.

Publisher:
Sciencia Scripts
is a trademark of
Dodo Books Indian Ocean Ltd. and OmniScriptum S.R.L publishing group

120 High Road, East Finchley, London, N2 9ED, United Kingdom
Str. Armeneasca 28/1, office 1, Chisinau MD-2012, Republic of Moldova, Europe
Printed at: see last page
ISBN: 978-620-8-07478-4

ÍNDICE DE CONTEÚDOS

Prefácio

As pragas domésticas e estruturais que se encontram em pequenas casas, complexos residenciais e arredores são frequentemente incómodas e destrutivas. Antigamente, estas pragas eram controladas por produtos vegetais caseiros que foram mais tarde substituídos por pesticidas sintéticos. Várias formulações, incluindo iscos venenosos e aerossóis contendo abamectina, bifentrina, fipronil, indoxacarbe, imidaclopride, clorpirifos, propoxur ou clorfenapir, resultaram num controlo significativo das pragas. Outras formulações encontradas no mercado incluem gel, pó, sprays, pó, pasta e pellets. As pragas estruturais são controladas com tintas de óleo ou revestimento de pesticidas em concentrações muito baixas. Geralmente, a aplicação de produtos químicos em locais residenciais pode ser bastante perigosa para a saúde humana devido à toxicidade de contacto, à ação fumigante e à poluição ambiental. Além disso, as baratas desenvolveram resistência a insecticidas sintéticos populares, incluindo a permetrina, o clorpirifos, o propoxur, o imidaclopride e o fipronil. As térmitas já são resistentes ao fipronil e ao clorpirifos, dois insecticidas amplamente utilizados em residências. Com a crescente consciencialização dos riscos para a saúde, o paradigma de preferência dos residentes está hoje a mudar de produtos químicos tóxicos para produtos naturais. Entre eles, os produtos derivados de plantas, nomeadamente os óleos essenciais extraídos de várias espécies vegetais, têm mostrado resultados promissores.

Os capítulos do livro "Pragas domésticas e estruturais de artrópodes: gestão através da utilização de produtos derivados de plantas" elaboram e discutem os resultados da investigação de uma forma abrangente e simples. As principais espécies de plantas e os modos de ação de vários produtos vegetais estão resumidos em dois quadros.

Este livro destina-se principalmente a cientistas, estudantes e operadores de controlo de pragas. A publicação deste livro é oportuna, uma vez que colmatará a lacuna existente entre o conhecimento e a perceção actuais e incentivará os residentes a utilizar produtos vegetais. Estes produtos são amigos do ambiente, biodegradáveis e não têm persistência residual. As perspectivas desta abordagem serão concretizadas nos próximos anos com o aumento da procura e da realização.

15 de dezembro de 2017 Ruparao T. GAHUKAR

1. Introdução

As pragas domésticas e estruturais de artrópodes incluem várias espécies de insectos e duas espécies de ácaros. Entre os insectos, as baratas, as formigas, os peixinhos prateados, os piolhos dos livros, os escaravelhos das alcatifas, as traças da roupa e os psocídeos/piolhos dos livros são as pragas domésticas mais comuns e as térmitas são as principais pragas estruturais nas residências e áreas circundantes. Outras pragas domésticas incluem o escaravelho do cigarro, o escaravelho da farmácia, a traça do tabaco, o escaravelho do fiambre, os escaravelhos do queijo e os ácaros do queijo e do fiambre. No entanto, estas pragas raramente ocorrem e são de menor importância económica. Consequentemente, a investigação sobre o controlo destas pragas por produtos derivados de plantas não foi realizada e não foi incluída neste livro.

As pragas de insectos sociais e domésticos habitam as habitações, particularmente nas zonas urbanas (Robinson, 2005; Masciocchi *et al.*, 2017). Atualmente, estes insectos são controlados principalmente por pulverizações, iscos venenosos e aerossóis contendo abamectina, bifentrina, fipronil, indoxacarbe, imidaclopride, clorpirifos, propoxur ou clorfenapir. Outras formulações encontradas no mercado incluem gel, pó, poeira, pasta e granulados. Os parasitas estruturais são controlados com tintas de óleo ou revestimento de pesticidas em concentrações muito baixas. Alguns produtos comerciais com baixos teores tóxicos também foram promovidos por empresas privadas, como o gel de hidrametilnon (2,15%) utilizado em armadilhas adesivas (Wang e Bennett, 2006). De um modo geral, a aplicação de produtos químicos em residências pode ser bastante perigosa para a saúde humana devido à toxicidade de contacto, à ação fumigante e à poluição ambiental. Por conseguinte, o paradigma da preferência dos consumidores está atualmente a mudar de produtos químicos tóxicos para produtos naturais. Consequentemente, os investigadores e as empresas de pesticidas recomendam geralmente produtos químicos menos tóxicos, como as piretrinas, o gel de sílica, o ácido bórico e o hidrametilnão. No entanto, a maioria destes produtos químicos não proporciona um controlo a longo prazo. Por exemplo, as baratas provam os alimentos antes de os comer e evitam os produtos tratados quimicamente.

Em perspetiva, foram desenvolvidas e aplicadas medidas alternativas com diferentes graus de controlo. As medidas comuns e eficazes são o isco tóxico e a armadilhagem em massa. Estas medidas só são bem sucedidas numa escala limitada, porque se o pó dos iscos se molhar e depois secar e endurecer, perde a sua carga eletrostática e pode não ser facilmente apanhado pelos insectos. As armadilhas de feromonas só podem facilitar o controlo da presença e da incidência de uma determinada praga, especialmente das que vivem em esconderijos. Pelo contrário, os óleos essenciais (OE) extraídos de espécies vegetais, atualmente considerados pesticidas verdes, revelaram-se eficazes e economicamente rentáveis contra as pragas domésticas e estruturais (Koul *et al.*, 2008; Regnault-Roger *et al.*, 2012). De facto, é frequentemente aconselhado restringir-se a pesticidas biodegradáveis e sem resíduos que sejam seguros tanto para os aplicadores como para os residentes. Este objetivo foi alcançado em tempos anteriores através de métodos tradicionais que já não são praticados devido à dependência excessiva de pesticidas sintéticos. Mas, mais uma vez, muitos dos novos produtos químicos recomendados estão fora do mercado e alguns deles estão a desaparecer devido à proibição e aos regulamentos dos governos. Como resultado, vários pesticidas registados são vendidos nos mercados locais, mas são aplicados de forma incorrecta (formulações espúrias, equipamento defeituoso, misturas não autorizadas, doses excessivas, aplicações frequentes e injustificadas e operadores sem formação). Este sistema teve várias consequências indesejáveis, nomeadamente nos países em desenvolvimento e menos desenvolvidos (Gahukar, 2014a).

Para além destes impactos, há uma resistência crescente (por vezes até 37,5 vezes) das baratas aos insecticidas sintéticos populares, incluindo a permetrina, o clorpirifos, o propoxur, o imidaclopride e o fipronil (Wu e Appel, 2017). Este facto é igualmente válido para as térmitas que são resistentes ao fipronil e ao clorpirifos, dois insecticidas amplamente utilizados em residências (Mahapatra, 2017). Do mesmo modo, os biopesticidas (spinosad, spinetoram) não são eficazes como repelentes, mesmo a uma taxa mais elevada de 50 ppm contra as térmitas (Bhatta *et al.*, 2016). Entre outros métodos, os insecticidas utilizados em iscos (Keefer *et al.*, 2015) ou incorporados no solo (Thorne *et al.*, 2015) foram considerados eficazes contra as térmitas.

Recentemente, Liang *et al.* (2017) relataram que a forte pressão de seleção de iscos tóxicos resultou em resistência cruzada na barata alemã a ingredientes tóxicos em iscos (fipronil, indoxacarb, hydramethylnon). Estes problemas não foram encontrados com o tratamento popular de benzoato de benzilo e N, N-dietil-m-toluamida (NEET). A investigação tem-se centrado nos óleos essenciais como a medida mais eficaz, particularmente quando são aplicados frescos (Rajitha *et al.*, 2014). Outros produtos incluem material vegetal fresco ou seco, extrato em água ou solventes químicos, aleloquímicos e óleo bruto e refinado. Para este efeito, a biomassa de várias plantas e respectivas espécies foi recolhida e avaliada quanto à sua atividade biológica contra insectos e ácaros no interior e exterior das habitações.

Atualmente, a informação publicada sobre tratamentos sem químicos em residências é limitada e não está facilmente disponível. Para preencher esta lacuna, Gahukar (2017) resumiu a utilização de produtos derivados de plantas no controlo de algumas pragas. Neste livro, as pragas domésticas e estruturais comuns de insetos e ácaros são incluídas, e as perspectivas e escolhas de produtos potenciais são discutidas. As plantas usadas na extração estão listadas na Tabela 1, e os produtos mais eficazes com seus modos de ação são mostrados na Tabela 2.

Quadro 1: Exemplos de espécies vegetais utilizadas em vários extractos

Extrato bruto em água: canela, gengibre, manjericão sagrado, cebola, pandan, curcuma, *Aloe lateritia, Euphorbia clavivarioides, Lippia javanica, Melia azedarach.*

Óleo bruto: catnip, citrinos, cravinho, cedro vermelho oriental, eucalipto, jatropha, erva-limão, menta, neem, alecrim, vetiver.

Extrato em solventes químicos: Pimenta americana, rabanete, lima kaffir, capim-limão, pandan, laranja-sálvia, senna, *Andrographis paniculata, A. lineata, Aristolchia bracteolata, Cinnamum osophloem, Chamaecyparis formosensis, Cryptomeria japonica, Cupress funebris, Datura metel, Eclipta pustata, Kaempferia galangal, Lantana camara, Murraya keonigii, Rhizophora apiculata, Sophora flavescens.*

Quadro 2: Exemplos dos produtos vegetais mais eficazes (eficiência de 80%) contra as pragas de insectos e ácaros domésticos e estruturais.

Planta	Produto vegetal	Espécies de pragas	Tipo de ação	Modo de ação	Referência
Gengibre, curcuma		*P. americana*	CON	RE	Ahmed *et al.* 1995
Cravinho, canela, erva-príncipe, pandano	Extrato aquoso de partes de plantas				
Citrinos	Óleo de casca de fruta	*P. americana*	CON	RE	Yoon *et al.* 2009
Citrinos +	Óleo de casca de fruta	*P. americana*	CON	OV	Soonwera *et al.* 2013
Cebola	+ extrato de rizoma				
Cravo	Óleo de botão	*P. americana*	CON	RE	Sittichok *et al.* 2013b
Erva-dos-gatos, laranja osage	Extrato de acetona	*B. germanica*	CON	RE	Schultz *et al.* 2006
Catnip	Óleo	*C. formosanus*	CON	IN	Chauvan & Raina 2006
Neem	Azadiractina	*B. germanica*	Alimentação	IN	Chang & Ahn 2002
	Óleo de caroço de sementes	*C. gestroi*	CON	AF, IGR	Himmi *et al.* 2013
	Extrato de bolo na água	*O. obesus*	CON	IN	Sharma *et al.* 2011
Cravo	Pó de botão	S. *invicta*	CON	IN, RE	Kafle & Shih 2013
Coleus, tomilho	Timol	*B. germanica*	TA	IN	Phillips *et al.* 2010
			CON	RE	Lee *et al.* 2017
		B. lateralis	CON, FUM	IN	Gaire et al. 2017
		O. obesus	CON	IN	Singh *et al.* 2002
Hortelã	Mentona	*B. germanica*	TA	OV	Phillips *et al.* 2010
		D. farinae, D. pteronyssinus	CON	AC	Jeon *et al.* 2008
Hortelã	Óleo de folhas	*L. humile*	CON	IN	Witz *et al.* 2007

Maçã-creme	Gigantetrocina-A	*B. germanica*	CON	IGR	Alali *et al.* 1998
Quiabo	Frutos	*B. germanica*	Alimentos	ATT, IN	Stauffer 2009
Louro, alecrim, eucalipto	Óleo de folhas	*B. germanica*	CON	RE	Salama 2015
Ageratum sp.	Precoceno I, II	*L. bostrychophila*	CON	RE, IN	Lu *et al.* 2014
Lima kaffir	Extrato de casca de fruto	*B. asahinai*	CON	RE	Thavara *et al.* 2007
Pinho, produto formulado	Cobertura de palha Óleo de canela + Óleo de timol	*B. asahinai*	CON	IN	Snoddy & Appel 2014
Caloderus macrolopis	T-muurolol	*C. formosanus*	CON	IN	Chang *et al.* 2007
Canela	Cinamaldeído,	*D. farinae,*	CON	AC	Lee 2004
		C. formosanus	CON	IN	Chang & Cheng 2002
Cravo	Citronelol, clorotimol	*D. pteronyssinus*			Saad *et al.* 2006
Erva de Vetiver, cravo	Óleo de folhas Óleo de botão	*C. formosanus*	CON	IN	Zhu *et al.* 2001
Lantana	Extrato de folhas em acetona	*R. flavipes*	CON	AF, RE IN	Yuan & Hu 2012
Erva-limão, hortelã, eucalipto	Óleo de folhas	*D. farinae, D. pteronyssinus*	CON	AC, RE	Lee & Jee 2010; Hanifah *et al.* 2011
Hortelã	Óleo de folhas	*O.* obesus	CON	IN	Gupta *et al.* 2011
Calêndula	Óleo de flores	*O.* obesus	CON	RE	Verma *et al.* 2016
Pinhão-manso	Extrato de folhas em éter	*O.* obesus	CON	IN	Verma *et al.* 2016
Euphorbia sp., *Cannabis* sp.	Extrato de folhas na água	*M. obesi, O. lokanandi*	CON	IN	Sattar *et al.* 2014
Canela	Safrole	*P.* americana	FUM	RE	Ngoh *et al.* 1998
Erva-limão	Citral	*P. americana*	CON, FUM	IN, RE	Appel *et al.* 2001

		C. formosanusFUM	AF, IN Cornelius *et al.* 1997
		D. farinae, CON	AC Jeon *et al.* 2008
		D. pteronyssinus	
Cravo	Eugenol		IN, RE Ngoh *et al.* 1998;
		P. americanaCON	Appel *et al.*, 2001
		C. formosanusFUM	AF, IN Cornelius *et al.*, 1997
		C. formosanusCON	IN Chang & Cheng 2002
		S. invictaCON	RE Chen 2009
Erva-limão, gerânio	Geraniol	*P. americana* CON, FUM	IN, RE Appel *et al.* 2001
		D. farinae, CON	AC Jeon *et al.* 2008
		D. pteronyssinus	AF, IN Cornelius *et al.* 1997
		C. formosanusFUM	AC Jeon *et al.* 2008
		D. farinae, CON	
		D. pteronyssinus	
Laranja	Limoneno	*P. americana* CON	RE Youm *et al.* 2009
		B. germanica CON, FUM	IGR Karr & Coats 1992
		C. formosanus CON, FUM	IN Raina *et al.* 2007
		D. farinae, CON	AC Jeon *et al.* 2008
		D. pteronyssinus	
Manjericão, árvore de chá	Metil eugenol	*P. americana* CON	IN, RE Ngoh *et al.* 1998
		D. farinae CON	AC Kim *et al.* 2003

B. lateralis = Blatta laterali (Walker)*s, B. germanica = Blatella germanica* (L.), *B. asahinai = Blatella asahinai* (Mizukubo), *C. formosanus = Coptotermes formosanus* Shiraki, *C. gestroi = Coptotermes gestroi* Wasmann, *L. bostrychopila = Liposcelis bostrychopila* Badonnel, *L. humile = Linlepithema humile* Mayr, *M. obesi = Microtermes obesi (*Holmgren), *O. obesus = Odontotermes obesus* (Rambur), *O. lokanandi = Odontotermes loknandi* Chatterjee & Thakur, *P. americana = Periplaneta Americana* L., *S. invicta = Solenopsis invicta* Buren, *D. farinae = Dermatophagoides farina* Huges , *D. pteronyssinus = Dermatophagoides pteronyssinus* (Trouessart), *R. flavipes = Reticulitermes flavipes* (Kollar), *AC= acaricida/tóxico, AF= antifeedante, ATT= atrativo, CON= pesticida de contacto, FUM= fumigante, IGR= regulador do crescimento dos insectos, IN= inseticida/tóxico, OV= ovicida, RE= repelente, TA= aplicação tópica.*

2. Visão geral dos produtos derivados de plantas utilizados contra as pragas de artrópodes domésticos e estruturais

O extrato de plantas em água ou em solvente químico, o óleo bruto ou refinado, os aleloquímicos e os óleos essenciais foram experimentados em laboratório e em casa. De um modo geral, os produtos vegetais apresentaram pouca ação estomacal e actuaram mais como veneno de contacto, exercendo um ou mais modos de ação. A fumigação também se revelou eficaz, particularmente contra os insectos voadores e os que se escondem em fendas. Os produtos vegetais actuam como repelentes de pragas, perturbadores do acasalamento e da comunicação sexual, ovicidas, antifeedantes, dissuasores da oviposição, reguladores ou retardadores do crescimento dos insectos e tóxicos/pesticidas. Os seguintes produtos vegetais são aplicados em residências por aplicação no solo, pulverização no solo ou fumigação de espaços fechados.

2.1. Produtos em bruto

As plantas autóctones fornecem matéria-prima fresca durante todo o ano, mesmo nas aldeias. Por conseguinte, é possível produzir produtos em bruto a nível local. As preparações convencionais ou tradicionais incluem decocção, extrato aquoso, extrato aquoso de partes de plantas e pó de folhas ou sementes secas (Gahukar, 2014a). Alguns destes produtos/preparações necessitam de pouca formação técnica e muitas vezes não é necessário apoio financeiro. Por serem preparações fáceis, os residentes preferem esses produtos. Geralmente, são aplicados sozinhos ou depois de misturados com outros produtos vegetais ou produtos químicos sintéticos menos tóxicos, microbianos/biopesticidas benéficos e compostos reguladores do crescimento de insectos (Gahukar, 2014a). A razão desta mistura é minimizar a utilização de produtos químicos e reduzir as despesas com a operação de pulverização. Assim, os residentes podem preparar extractos em água e aplicar na residência como medida profiláctica contra pragas de artrópodes.

2.2. Produtos refinados

Extrato: Os aleloquímicos são extraídos das plantas utilizando solventes químicos, tais como hexano, álcool metílico, álcool etílico, acetato de etilo, xileno, éter de petróleo, acetona, butanol ou clorofórmio. O extrato é diluído com água em diferentes proporções e pulverizado. Os aleloquímicos incluem alcalóides, flavonóides, terpenóides e açúcares redutores. Atualmente, alguns aleloquímicos, como a azadiractina (AZ), são sintetizados e estão prontamente disponíveis para a produção de várias formulações

Óleo: O óleo é geralmente extraído de folhas, sementes (mais comuns) e grãos de várias espécies de plantas, que são a matéria-prima renovável mais promissora para as indústrias químicas. Os principais métodos de extração de óleo incluem a extração com água quente, a compressão mecânica e os solventes químicos (Gahukar e Mital, 2017). Se necessário, o petróleo bruto é refinado para melhorar certas propriedades do óleo. Os métodos mais comuns são a prensagem a frio e a utilização de solventes orgânicos. O isolamento/extração e a identificação do produto extraído são facilitados por técnicas de espetroscopia de infravermelhos e cromatografia líquida isocrática de alto desempenho, cromatografia de camada fina de alto desempenho, extração de fluido supercrítico e hidrodestilação (Gahukar e Mital, 2017).

Óleos essenciais: Os óleos essenciais (OE) têm sido amplamente utilizados no controlo de pragas domésticas e estruturais. Trata-se de compostos secundários de plantas que constituem uma alternativa mais segura aos pesticidas convencionais (sintéticos). São geralmente extraídos por destilação a vapor e são constituídos por misturas complexas de moléculas, incluindo compostos não aromáticos ou não voláteis. Os OEs são considerados pesticidas ecológicos porque são biodegradáveis e amigos do ambiente e a sua aplicação resulta num controlo eficaz das pragas, especialmente no laboratório (Koul *et al.*, 2008).

2.3. Formulações

A maioria dos produtos comerciais são concentrados emulsionáveis (CE) baseados em extractos químicos, óleos refinados ou aleloquímicos em diferentes quantidades de ingredientes activos (a.i.). Atualmente, estão a ser utilizadas algumas espécies de plantas para formulações, nomeadamente o neem (*Azadirachta indica* A. Juss.), a *anona* (*Annona squamosa* L.), a casta chinesa (*Vitex negundo* L.), o piretro (*Chrysanthemum cinerariaefolium* (Trev,) Boccone e a cebola (*Allium cepa* L.), e estes produtos estão facilmente disponíveis no mercado. O neem é, naturalmente, amplamente explorado para produtos comerciais. Com instalações para a extração/isolamento, identificação, síntese e formulação de aleloquímicos, estão a ser desenvolvidos novos produtos, tais como bolo em flocos, pellets/grânulos, suspensões macro e microencapsuladas e nanogéis com libertação controlada de fitoquímicos.

3. Baratas (Ordem: Dictyoptera/ Blattodea)

3.1. Barata americana

A barata *americana*, *Periplaneta americana* L. (Família: Blattidae), está frequentemente presente em caves de casas, condutas, restaurantes, padarias, casas de embalagem e mercearias. Alimentam-se de alimentos rejeitados e irritam-se ao sujar com os seus excrementos o material sobre o qual correm. Têm uma distribuição mundial e são abundantes nos países tropicais.

Ahmad *et al.* (1995) relataram 57-100% de repelência (dependendo da concentração) de 5% de extrato aquoso de seis plantas cultivadas na Malásia, viz. rizoma de *curcuma* (*Curcuma domestica* Val.), rizoma de gengibre (*Zingiber officinale* Rosc.), folhas de pandano (*Pandanus amaryllifolius* Roxb. (=Pandanus *odorus* Ridley), casca de canela *(Cinnamomum zeylanicum* Blume), botões de cravo-da-índia (*Syzygium aromaticum* (L.) Merr. & Perr. e folhas de erva-cidreira (*Cymbopogon citratus* (DC.) Stapf.). O óleo de hortelã (*Mentha spicata* L.) que contém terpenóides, terpenos e fenóis (especialmente citral, citronelal, geraniol e eugenol) exerceu actividades repelentes e insecticidas através de acções fumigantes e de contacto quando aplicado em papel a 250 g de óleo/g (Appel *et al.*, 2001). O óleo da casca do fruto de Citrus (*Citrus reticulata* Blanco) contendo limoneno repeliu os adultos até 98,0%, no entanto, quando foi misturado a 10% com óleo de soja, a repelência foi reduzida para 86,0% (Yoon *et al.*, 2009). Ambos os óleos foram tóxicos para as ootecas (cápsulas de ovos) com 96,7% de mortalidade de ovos quando misturados com extrato de cebola (5%) em água (Sittichok e Soonwera, 2013). Noutra experiência, o óleo de cravinho a 10% apresentou uma repelência de 90% e 100% contra ninfas e adultos, respetivamente (Sittichok *et al.*, 2013b). Quando utilizado como fumigante a 7,5 ul/l, 10 ul/l e 8,2 ul/l de ar contra ninfas de primeiro instar, ninfas de quarto instar e adultos, respetivamente, resultou em 100% de mortalidade (Omara *et al.*, 2013). O óleo de cravinho também foi considerado mais tóxico por contacto com a superfície, com CL_{50} de 0,0001-0,0077 ul/cm^2 do que o óleo de alecrim (*Rosmarinus officinalis* L.), com CL_{50} de 1,92-2,25 ul/cm^2 . Nesta experiência, as ninfas de primeiro instar foram mais sensíveis do que as ninfas de quarto instar, seguidas dos adultos. Consequentemente, os valores LT_{50} no teste de exposição contínua correlacionaram-se negativamente com a concentração (Sharawi *et al.*, 2013). O extrato aquoso (5%) de quatro plantas da Nigéria, viz. folhas de *Parquetina nigrescens* (Afzel) Bullock, *Zanthoxylum zanthoxyloides* (Lam.) e neem, e botões de cravinho foram testados como pó misturado com biscoito a 25-100%. A alimentação com biscoitos (1,5 g para 6 adultos) resultou numa mortalidade de 85-100% em 2 dias em adultos de *P. americana* (Ogunleye, 2010).

O alúmen de potássio também foi utilizado como agente de controlo contra *P. americana* em laboratório (Salama, 2015). As ninfas e os adultos morreram (100% de mortalidade) 4 dias e 1 mês, respetivamente, após o consumo de alúmen (ninfas 0,3 mg, macho adulto 1,0 mg, fêmea adulta 2,7 mg). As fêmeas grávidas eram altamente susceptíveis. O alúmen está disponível localmente e pode ser sugerido para utilização como medida curativa. Uma dose de 10.000-80.000 ppm (1-8%) de óleo essencial de *Piper aduncum* L. dissuadiu apenas as ninfas (Ling *et al.*, 2009), enquanto o óleo de *C. citratus* deu 100% de repelência aos adultos após 24 horas de aplicação (Manzoor *et al.*, 2012). Anteriormente, a toxicidade de contacto do eugenol e do metil eugenol e a toxicidade fumigante do safrol e do isosafrol (produtos químicos orgânicos aromáticos naturais) para as fêmeas adultas e a repelência para as ninfas foram confirmadas por Ngoh *et al.* (1998), que referiram que os derivados do benzeno eram mais tóxicos e repelentes do que os terpenos.

Entre três plantas locais da Tailândia (cravinho, capim-limão e capim-citronela, *Cymbopogon nardus* (L.) Rendle, os OEs extraídos do capim-limão em álcool etílico e misturados em óleo de soja proporcionaram 100% de repelência, tendo esta mistura sido recomendada como veneno de contacto por Sittichok *et al.* (2013b). Foram observados efeitos reguladores do crescimento de insectos com AZ (um limonóide do neem) e dois outros aleloquímicos, por exemplo, quassina (um triterpenóide de *Quassia amara* (L.) e cinamaldeído (um composto orgânico de *Cinnamomum cassia* (Nees & Nees) Presl. Estes estudos demonstraram que os efeitos fisiológicos destes aleloquímicos não atenuam as acções insecticidas primárias (Hertel e Muller, 2006).

No entanto, o modo de ação destes dois produtos necessita de mais estudos, uma vez que podem atuar apenas como repelentes. Em conclusão, o óleo bruto (erva-limão, citrinos ou cravinho) ou os óleos essenciais, quando misturados com óleo vegetal (sésamo ou soja), foram mais eficazes do que quando utilizados isoladamente.

3.2. Barata alemã

A barata alemã *Blattella germanica* (L.) (Família: Blattelidae), comparativamente mais pequena em tamanho, é a espécie mais comum nas cozinhas, quartos e casas de banho. Schultz *et al.* (2006) demonstraram uma repelência de cerca de 80% do extrato de acetona de erva-dos-gatos (*Nepeta concolor* Boiss. & Heldr. ex Benth,) a 900 ug/cm^2 ou de laranja-dos-prados [*Maclura pomifera* (Raf.) Schneid] a 157 ug/cm^2 . Os extractos de etanol e éter de petróleo de folhas ou frutos da pimenta americana (*Schimus molle* L.), quando aplicados topicamente, não só repeliram os adultos, como também os mataram mais tarde (Ferrero *et al.*, 2007). Do mesmo modo, o extrato aquoso bruto ou o extrato de acetona das folhas de pandan atraiu inicialmente as ninfas, mas mais tarde a repelência atingiu 93,0% devido ao odor almiscarado emitido pelo composto aromático 2-acetil-1-pirrolina presente nas folhas (Li e Ho, 2003).

Sittichok *et al.* (2013a) testaram os OEs de oito plantas a 0,24 ul/cm^2 de papel de filtro e observaram um efeito de eliminação uma hora após o tratamento e uma mortalidade completa após 24 h. O óleo mais eficaz foi extraído da hortelã-pimenta (*Mentha piperita* L.) com valores LT_{50} de 4,17 h. Pelo contrário, os óleos essenciais das sementes de *Myristica fragrans* Houtt. exerceram uma ação fumigante que resultou numa mortalidade de 35-72% (Jung *et al.*, 2007). No teste de escolha, o OE e o isómero purificado E, Z-nepetalactona foram os compostos mais activos isolados da erva-dos-gatos e foram superiores na mortalidade de insectos em comparação com o DEET químico comummente utilizado (Peterson *et al.*, 2002b). Assim, tanto os adultos como as ninfas foram eficazmente controlados com o OE (1,8-cineol), que foi significativamente melhor em termos de bioeficácia do que os outros 11 óleos essenciais. No entanto, nenhum dos OEs testados impediu a eclosão das ootecas. Consequentemente, foram recomendadas aplicações múltiplas para eliminar infestações recorrentes (Phillips e Appel, 2010).

Alguns monoterpenóides (d-limoneno, linalol, alfa-mirceno e alfa-terpineol) testados por via oral, tópica e por vapor, afectaram negativamente o crescimento e o desenvolvimento, o comportamento dos adultos e os processos fisiológicos (Karr e Coats, 1992). Por conseguinte, Prabhakaran e Kamble (1996) concluíram que a toxicidade pode estar associada a um comportamento alimentar alterado e a uma perturbação dos fenómenos endócrinos. Entre cem plantas da família Myrtaceae testadas quanto à toxicidade, os OEs de seis espécies do género *Eucalyptus* e *Melaleuca uncinata* Br. apresentaram uma forte ação fumigante com 100% de mortalidade em adultos do sexo masculino, ao passo que os OEs de cinco espécies do género *Eucalyptus, M. uncinata* e *Melaleuca dissitiflora* Muell. foram tóxicos para adultos do sexo masculino e feminino. Além disso, uma atividade inibidora da acetilcolinesterase com valor LC_{50} de 0,22 mg/ml foi relatada com isoeugenol (Yeom *et al.*, 2013). Da mesma forma, o óleo essencial extraído das folhas de *Eucalyptus robusta* Sm. ou *Illicium verum* Hook., ambos aplicados a 5 ppm, e a erva-da-noz (*Cyperus rotundus* L.) a 1 ppm repeliram as ninfas. Pelo contrário, os óleos essenciais de *I. verum* e *Lindera aggregata* (Sims) Kosterm. foram considerados atractivos também a 1 ppm (Liu *et al.*, 2011). Os óleos essenciais extraídos de frutos de laranja osage (crus/maduros) actuaram como repelentes devido ao conteúdo de duas isoflavonas (osajina, pomiferina), sete ses-terpenóides (elemol/hedycaryol, alfa-copaene, alfa-cubebene, beta-elemene, beta-carpophyllene, alfa-ylangene/valencene, (Z,E)-farnesol), e um composto volátil verde (hexyl hexanoate) (Peterson *et al.*, 2002a). Num teste com cinco plantas [*Allium sativum* L., *Thymus vulgaris* (L.), *Oregano dubium* (L.), cebola e alecrim], apenas os OEs de *A. sativum* a 5 ul/l de ar causaram 95% de mortalidade em 48 h (Tunaz *et al.*, 2009). Todos os óleos, para além da sua forte ação repelente, eram tóxicos e exerciam efeitos IGR, resultando numa mortalidade significativa da praga.

Quando o AZ (11,46% a.i.) foi injetado (2-3 g/inseto) ou misturado numa dieta, não foi observada qualquer diferença significativa na mortalidade dos adultos, quer nas estirpes resistentes aos insecticidas, quer nas estirpes susceptíveis. A toxicidade de contacto do (E)-anetole isolado dos frutos de *I. verum* foi evidenciada por uma mortalidade de 80,0% dos adultos provocada pela dose de 0,159 mg/cm^2 no primeiro dia após a aplicação. Também actuou como fumigante causando 100% de mortalidade a 0,398 mg/cm^2 tornando este tratamento mais eficaz até 3 dias em comparação com 2 dias para a deltametrina (Chang e Ahn, 2002). Um isotiocianato de alilo monoterpenoide isolado de rabanete (*Armoracia rusticana* Gaetn., Mey. & Schreb.) apresentou uma ação fumigante que resultou numa mortalidade de 100% a uma dose de 2,5 ul/l de ar em 18 h, enquanto outros monoterpenoides (eugenol, carvacrol, citronela) não afectaram a sobrevivência da praga (Tunaz *et al.*, 2009).

Na aplicação tópica de 12 óleos essenciais aplicados a uma dose de 0,04-0,06 mg/inseto, o timol foi considerado o mais tóxico para os machos adultos, as fêmeas grávidas e as ninfas médias com valores LD_{50} de 0,07, 0,12 e 0,06 mg/barata, respetivamente. Pelo contrário, o trans-cinamaldeído foi o componente mais tóxico para as fêmeas adultas e para as ninfas pequenas e grandes. Noutro ensaio dependente da dose, a (-) mentona teve o maior efeito na eclosão de ootecas com 20,89 ninfas ou ootecas em comparação com 35,21 ninfas ou ootecas no controlo (Phillips *et al.*, 2010). No desempenho global, nenhum óleo essencial impediu completamente a eclosão. Num ensaio sobre os constituintes do destilado de vapor do rizoma de noz-moscada e compostos relacionados contra fêmeas adultas, estes foram eficazes em recipientes fechados mas não em recipientes abertos. Utilizando um sistema de rastreio por vídeo, Alzogaray *et al.* (2011) observaram que os monoterpenos a 70 ug/cm^2 produziram uma ação repelente, mas foram menos eficazes do que a *N,*N-dimetil-3-metilbenzamida, indicando a sua baixa bioeficácia. Por conseguinte, os óleos essenciais com atividade de contacto e fumigante, particularmente contra estirpes resistentes a insecticidas, poderiam ser recomendados para reduzir os pesticidas sintéticos altamente tóxicos em ambientes interiores (Chang *et al.*, 2012).

Como solução prática, as seguintes medidas foram eficazes contra as baratas. Por exemplo, os quiabos crus ou cozidos colocados debaixo de água atraem as baratas que podem ser mortas com produtos químicos. Do mesmo modo, um isco contendo uma mistura de polpa de citrinos + açúcar mascavado + farinha de milho + ácido bórico é eficaz na "técnica de atrair e matar" (Stauffer, 2009). No entanto, Stauffer (2009) sugeriu a pulverização de óleo de alecrim (*Rosmarinus officinalis* L.) ou de eucalipto (*Eucalyptus globulus* Labill) a uma concentração de 18 ml/l ou o espalhamento de folhas esmagadas de louro/louro doce (*Laurus nobilis* L.) na superfície do pavimento, para repelir as baratas através de um odor forte.

Entre 12 plantas da família Apiaceae usadas contra baratas adultas, os OEs de ajwan [*Trachyspermum ammi* (L.) Sprague] e endro (*Anethum graveolens* L.) mostraram a maior atividade repelente contra adultos machos e fêmeas. Os compostos mais activos foram o carvacrol, o timol e a R-carvona com >80% de repelência a 2,5 ug/cm^2 . Outros compostos (S-carvona, dihidrocarvona e terpinen -4-ol) aplicados a 10 ug/cm2 foram menos eficazes (>70% de repelência) (Lee *et al.*, 2017). Alali *et al.* (1998) estudaram a possibilidade de acetogeninas de anonáceas como pesticida natural contra baratas alemãs sensíveis e resistentes a insecticidas. Seis acetogeninas foram comparadas com graus técnicos de cinco pesticidas sintéticos comuns (cipermetrina, propoxur, bendiocarb, clorpirifos, hidrametilnon). As acetogeninas bis-tetra-hidrofurânicas apresentaram a maior potência (mortalidade da praga) e atrasaram o desenvolvimento de ninfas de 5th instar de estirpes susceptíveis e resistentes. O desenvolvimento das ninfas susceptíveis a insecticidas foi principalmente afetado pela gigantetrocina-A e pela anomontacina, ao passo que o desenvolvimento das estirpes resistentes foi afetado pela gigantetrocina-A e pela bullataticina. De um modo geral, todas as acetogeninas foram melhores em termos de bioeficácia do que as sintéticas. Os valores de baixa resistência para ninfas de 5th instares variaram entre 0,2 e 3,9 com acetogeninas, em comparação com 0,6-8,0 com produtos químicos. Por conseguinte, as acetogeninas podem substituir os pesticidas tóxicos utilizados nos iscos. Além disso, os produtos naturais à base de uma planta, *A. squamosa*, podem estar disponíveis localmente em países tropicais onde é cultivada para obter frutos deliciosos e produtos alimentares.

3.3. Barata do Turquestão

A barata do Turquestão, *Blatta lateralis* (Walker) (Família: Blattidae) é uma importante espécie invasora recentemente introduzida no sudoeste dos EUA. Trata-se de uma praga peri-doméstica que habita contadores de água, caixas eléctricas, fendas e fissuras. Ocasionalmente, invade habitações. O OE timol foi mais tóxico para as ninfas como contacto (LD_{50} de 0,34 mg/ninfa) e como fumigante (LC_{50} de 27,0 mg/l ar) (Gaire *et al.*, 2017). Seria necessário obter informações pormenorizadas sobre outros OE para comparar e depois recomendar.

3.4. Barata asiática

A barata asiática ou barata voadora, *Blattella asahinai* Mizukubo (Família: Blattellidae) é uma importante praga peri-doméstica no sudoeste dos EUA. As baratas vivem geralmente no exterior e entram em estruturas residenciais onde se alimentam e contaminam alimentos e produtos alimentares. Os residentes podem ter reacções alérgicas devido à exposição a fezes e partes do corpo de baratas.

As populações adultas foram reduzidas até 68% de 100% aos 7 d após o tratamento com uma formulação de CE à base de óleo essencial contendo 30% de óleo de canela + 10% de óleo de tomilho aplicado após mistura com água a 25-31 ml/l, mas o controlo diminuiu para apenas 2% aos 30 d. Pelo contrário, a beta-ciflutrina 2,5EC a 7,81 ml/l ou os grânulos de fipronil 0,91035 mataram um por cento da população de pragas aos 7d ou 30 d, respetivamente, nos EUA (Snoddy e Appel, 2014). Estas experiências, tanto em laboratório como no terreno, mostraram a superioridade dos insecticidas químicos em relação à formulação de OE. Numa comparação de cinco coberturas vegetais (cipreste, carvalho, serapilheira, palha de pinheiro, borracha) e solo superficial testados em grandes experiências de arena, todas as fases não preferiram coberturas vegetais de cipreste (*Taxodium distichum* (L.) Rich (6,3%) e solo superficial (0%) e a palha de pinheiro foi mais tóxica (66,7% de mortalidade em 7 d do que outras coberturas vegetais. Por conseguinte, a cobertura morta de cipreste à volta de casa pode constituir uma componente eficaz da gestão de pragas e pode ajudar a reduzir as populações de pragas e limitar a exposição de seres humanos e animais a insecticidas (Snoddy e Appel, 2013). Assim, para uma alternativa aos produtos químicos, uma combinação de saneamento com armadilhas ou iscos granulares parece ser eficaz e económica (Appel, 1997) e pode ser recomendada para aplicação prática em residências.

3.5. Complexo de baratas

Thavara *et al.* (2007) demonstraram que, de entre sete plantas testadas, a aplicação de extrato aquoso (20%) ou OE da casca do fruto da lima kaffir (*Citrus hystrix* DC) do Sudeste Asiático são excelentes repelentes (100% de repelência) e tóxicos, com uma redução de 86,0% na população de *P. americana* e *B. germanica* com 20% de extrato em etanol em residências na Tailândia. O seu efeito residual durou uma semana, revelando-se bastante eficaz para afastar as baratas. Atualmente, os óleos essenciais, o extrato de plantas em água ou em produtos químicos e o óleo bruto foram considerados menos eficazes do que os pesticidas sintéticos como veneno de contacto e/ou fumigante.

A partir de estudos laboratoriais, Zibaee *et al.* (2016) relataram que os OEs de eucalipto e alecrim mostraram 100% de repelência a *P. americana* e *B. germanica*, enquanto sua formulação (10%) resultou em 95% de repelência. Na residência, a mistura deu 95% de repelência em *P. americana* e 100% de repelência em *B. germanica.* Enquanto que o eucalipto e o alecrim deram 87,3-90,0% de repelência em *P. americana* e 93,0-96,0% de repelência em *B. germanica.* Esta mistura deve ser preferida.

Todos os compostos extraídos de plantas proporcionaram um controlo razoável mas, na maioria dos casos, não foi estudada a mortalidade comparativa. Além disso, os produtos vegetais devem ser comparados, em termos de praticidade e custo de tratamento, com dois insecticidas comuns, o diclorvos e a deltametrina. No laboratório, o pó de seis plantas foi comparado com o pó de biscoito, todos a 2 g/garrafa. Após 24 h de exposição, a repelência foi de 93, 86, 62, 64, 63 e 80% para o neem, *curcuma (Curcuma domestica* Val.), noz de Malabar (*Adhatoda vasica* Nees), *V. negundo,* manjericão sagrado (*Ocimum sanctum* L. (=*O. tenuliflorum* L.) e lantana *(Lantana camara* L.), respetivamente (Rejitha *et al.,* 2014).

4. Térmitas (Ordem: Isoptera)

Na casa e nas áreas adjacentes, as térmitas alimentam-se de mobiliário, postes de madeira, papel e produtos vegetais e animais secos. As térmitas subterrâneas ou que habitam o solo mantêm a sua colónia parcialmente no solo. Fazem tubos desde o solo até à madeira. No caso das térmitas que habitam a madeira, a colónia está inteiramente confinada à madeira e não formam tubos. As pelotas fecais são frequentemente encontradas nas galerias.

4.1. Térmita subterrânea Formosan

A térmita subterrânea de Formosan, *Coptotermes formosanus* Shiraki (Família: Rhinotermitidae) está amplamente distribuída nos EUA, onde é uma das principais pragas estruturais. Entre os produtos químicos, um IGR hexaflumuron (550-900 mg em tubos de isco) (Messenger *et al.*, 2005) ou um agente semi-sintético ivermectina (3% de pó) (20-30 g em dispositivos de monitorização) (Zhao *et al.*, 2012) eliminaram completamente as térmitas dos locais de infestação. Quando 32 extractos, cada um a 2000 ppm (0,2%) em hexano, acetato de etilo, acetona ou metanol de folhas de oito espécies de plantas foram comparados para o controlo de térmitas, a mortalidade mais elevada de 90% foi alcançada 24 h após o tratamento com extrato de hexano de *Aristolchia bracteolata* Lam, acetato de etilo de *Andrographis paniculata* (Burm. f.) Wall. ex Nees, *Datura metel* L. e *Eclipta prostrata* (L.) ou extrato de metanol de *Andrographis lineata* Nees e *D. metel* (Elango *et al.*, 2012). Entre os extractos de folhas e derivados de uma planta de Taiwan [*Calocedrus macrolepis* var. *formosana* (Florin) Florin], apenas o T-muurolol causou 100% de mortalidade a 5 mg/g de madeira após 14 d com um valor LC_{50} de 27,6 mg/g (Cheng *et al.*, 2004).

Blaske e Horst (2001) estudaram a ação repelente por orientação e comportamento de evitamento, e os efeitos tóxicos por contacto e acções de fumigação de extractos de plantas. No teste de não escolha, a mortalidade da praga não foi observada, mas as térmitas foram efetivamente impedidas de penetrar no solo tratado. O óleo de folhas de eucalipto (*Eucalyptus camaldulensis* Dehnh.) apresentou acções de contacto e fumigação com um valor LC_{50} de 12,68-17,50 mg/g. Raina *et al.* (2007) registaram uma mortalidade de 15,4% em 3 dias após o tratamento com extrato aquoso de óleo de laranja (contendo 92% de d-limineno) aplicado a 10 ul/l de espaço vazio. No exsicador, este tratamento resultou numa mortalidade média de 98,6% em 7 dias (Raina *et al.*, 2007). Da mesma forma, o óleo de catnip (contendo E-Z-nepetalactona e Z,E-nepetalactona) a 40 mg/cm^2 causou 100% de mortalidade um dia após a aplicação. Numa dose inferior de 20 mg/cm^2 de E-Z-nepetalactona, apenas se observou atividade repelente (Chauhan e Raina, 2006). Estes exemplos mostram que são necessárias doses mais elevadas de óleo para um controlo eficaz das pragas.

Os óleos essenciais (cedrol, alfa-cadinol, ferruginol) isolados do cerne de uma planta de Taiwan (*Taiwana cryptomerioides* Hayata) apresentaram uma atividade antitermítica máxima com 100% de mortalidade numa dose de 10 mg/g de madeira (Chang *et al.*, 2001). Entre 100 óleos essenciais, cada um aplicado a 10 mg/g de madeira, os óleos extraídos de duas plantas coníferas [por exemplo, *Chamaecyparis obtusa* var. *formosana* (Hayata), *Cryptomeria japonica* (Thunberg) Don e *C. macrolepis formosana*] actuaram como repelentes e deram a percentagem de mortalidade após 5 dias de aplicação. O melhor tratamento foi o OE de *C. macrolepis formosana* com um valor LC_{50} de 2,6 mg/g (Cheng *et al.*, 2007). De oito óleos essenciais, o óleo de cravinho a 50 ug/cm^2 foi o mais tóxico, ao passo que o óleo extraído de vetiver [*Chrysopogon zizanioides* (L.) Roberty] actuou como repelente apenas a 5 ug/g de areia e impediu a escavação de túneis a uma dose mais elevada de 25 ug/g de areia (Zhu *et al.*, 2001). Assim, os óleos essenciais repeliam os insectos logo após a aplicação e eram tóxicos alguns dias mais tarde.

Cornelius *et al.* (1997) avaliaram a mortalidade e o comportamento de escavação de túneis das térmitas após o tratamento de areia com monoterpenóides, alcalóides e hidrocarbonetos, que são semioquímicos de plantas. Os monoterpenóides foram também testados como dissuasores de alimentação e para ação fumigante. Entre os monoterpenóides, o eugenol revelou-se mais tóxico do que o geraniol e o citral, e protegeu a areia das térmitas durante 5 dias. O álcool eugenol foi o mais tóxico, pelo contrário, o eugenol não foi eficaz como dissuasor da alimentação quando aplicado diretamente nos blocos de madeira, exceto numa dose mais elevada de 100 000 ppm (10%). Dois fitoquímicos (B-cimeno e terpineno) derivados do óleo de folhas de eucalipto apresentaram acções de contacto e fumigantes, enquanto o 1,8-cineol actuou apenas como fumigante (Siramon *et al.*, 2009). De seis monoterpenóides, dois alcalóides e um hidrocarboneto, o eugenol a 100.000 ppm como fumigante dissuadiu a alimentação e protegeu a madeira até 5 dias e foi um tratamento melhor do que o citral ou o geraniol (Cornelius *et al.*, 1997), enquanto o cinamaldeído extraído de *Cinnamomum osmophloeum* Kaneh. mostrou comparativamente a toxicidade mais forte a 1 mg/g de madeira; o eugenol e o L-terpineol foram menos eficazes na mesma dose (Chang e Cheng, 2002). Boue e Raina (2003) estudaram os efeitos da alimentação oral e da aplicação tópica na fecundidade, mortalidade e consumo de alimentos em relação aos flavonóides de cinco plantas. Nestes testes, a apigenina e a biochanina-A alimentadas a 50 ug por par reprodutor revelaram-se mais tóxicas. Além disso, ambos os compostos a 100 ug reduziram a fecundidade e a biochanina-A não provocou atividade fagostimulante nas térmitas adultas (Boue e Raina, 2003). Mao e Henderson (2007) relataram a atividade antifeedante e a toxicidade aguda e residual de alcalóides (matrina e oximatrina) extraídos de *Sophora flavescens* Ait. Com um bioensaio de consumo de papel de filtro, Fokialakis *et al.* (2006) relataram que oito tiofenos isolados de cinco espécies do género *Echinops* provocaram uma mortalidade de 100% em 9 dias quando aplicados a 2% conc.

Zhu *et al.* (2001) avaliaram a bioeficácia de OEs isolados de sete plantas nativas da China e registaram uma mortalidade de 100% através da toxicidade de contacto por pulverização de óleo de botões de cravinho a 50 ug/cm^2 . Além disso, o óleo da folha de vetiver diminuiu significativamente a atividade de escavação de túneis a 5 ug/g de areia. Os óleos essenciais isolados da folha de mandioca, da madeira de cedro, da folha de eucalipto, da folha de erva-limão e da flor de gerânio foram comparativamente menos eficazes.

4.2. Térmita subterrânea oriental

A térmita subterrânea oriental, *Reticulitermes flavipes* (Kollar) (Família

Rhinotermitidae) está presente na parte oriental dos EUA. O extrato clorofórmico de folhas secas de *L. camara* aplicado a 0,016 mg/cm^2 de papel de filtro ou 0,125 mg/g de areia, apresentou excelentes actividades repelentes, moderadamente tóxicas e fortemente antifeedantes. Uma dose mais elevada de 0,212 mg/cm^2 em papel de filtro resultou numa mortalidade >90% e numa redução de até 78% na alimentação, ao passo que a aplicação tópica (4 ug/termite) resultou num máximo de 60% de mortalidade. Assim, o tratamento com papel de filtro mostrou superioridade em relação a outros métodos (Yuan e Hu, 2012). Poderão ser necessários mais ensaios para uma aplicação prática em habitações. O óleo de cedro vermelho oriental (*Juniperus virginiana* L.) extraído da madeira do cerne e o extrato de etanol das agulhas revelaram-se letais e impediram as térmitas de danificar a madeira (Eller *et al.*, 2010). O cerne foi mais resistente do que o alburno devido à presença de óleos essenciais e outros aleloquímicos. Por conseguinte, houve menos infestação de pragas ((2,1-6,1% versus 44,6%) e sobrevivência de térmitas (<24% versus >84%) na madeira de cedro do que na madeira de pinheiro suscetível (Kard *et al.*, 2007).

4.3. Térmita subterrânea asiática

No Sudeste Asiático e no Médio Oriente, a térmita subterrânea asiática, *Coptotermes gestroi* Wasmann (Família: Rhinotermitidae) é comum nas casas. No Sudeste Asiático, esta espécie constitui cerca de 70% da população de todas as térmitas presentes na região (Kuswanto *et al.*, 2015). O NO desengordurado a 7,5% foi melhor do que o AZ (91% de pureza) como antifeedante, dissuasor de oviposição, IGR ou veneno de contacto (Himmi *et al.*, 2013). O extrato de pó de casca em acetato de etilo de *Rhizophora apiculata* Blume mostrou atividade tóxica devido à presença de ácidos carboxílicos aromáticos e fenóis (Khalil *et al.*, 2009). O isco é comum contra as térmitas. Em ensaios laboratoriais e de campo, quando o pó de rizoma de mandioca *(Manihot esculenta* Crantz) foi adicionado ao isco, 3 d depois, o consumo de isco aumentou significativamente de 2,09 g/adulto para 4,07-7,12 g. Isto significa que o material vegetal pode atuar como fagostimulante (Castillo *et al.*, 2013).

4.4. Térmitas subterrâneas indianas

Três espécies, *Odontotermes obesus* (Rambur), *Odontotermes lokanandi* Chatterjee & Thakur (Família: Termitidae), e *Microtermes obesi* (Holmgren) (Família: Termitidae) são térmitas subterrâneas e construtoras de montes, amplamente distribuídas no subcontinente indiano. Encontram-se em edifícios, em estruturas de madeira e em artigos e vestuário. No Paquistão, o extrato bruto (25 e 50%) de folhas ou sementes de *Euphorbia helioscopia L., Cannabis sativa L., Calotropis procera* (Willd.) Ait matou 100% das térmitas operárias e soldados de *M. obesi* e *O. lokanandi*, em 11th e 7th dias após a pulverização, respetivamente (Sattar *et al.,* 2014). Na Índia, a cobertura morta de folhas de plantas indígenas, *Calotropis gigantia* Ait, *Adhatoda vesica* e *Euphorbia tirucalli* L. à volta das casas é uma medida de rotina, mas os níveis de mortalidade não foram registados (Mahapatro *et al.,* 2017).

No teste laboratorial, o OE timol extraído de folhas de coleus, *Coleus amboinicus* Lour. matou 100% da população de térmitas *O. obesus* numa dose de 2,5x10^{-2} mg/cm^3 durante 5h de exposição. O timol foi mais tóxico do que o endossulfan (Thiodan®) (Singh *et al.,* 2002). No bioensaio sem escolha, o óleo de menta (10,0%) provocou uma mortalidade de 100% em *O. obesus* após 30 minutos, seguido pelo óleo de *C. citratus* e *Trachyspermum ammi* (l..) Sprague. Numa dose de 0,12%, apenas após 10h, a mortalidade total foi alcançada (Gupta *et al.,* 2011). Em outro bioensaio, Verma *et al.* (2016) relataram atividade repelente em operárias de *O. obesus* com óleo de flor de calêndula (*Tagetes erecta* L.) (82,0% de repelência) e óleo de casca de laranja doce (*Citrus sinensis* (L.) Osbeck (76% de repelência), ambos os óleos foram aplicados a 6,30 ul/cm2. O extrato metanólico (0,5 g/ml) da raiz de pinhão-manso (*Jatropha curcas* L.) provocou uma mortalidade de 100% em 48 h, ao passo que 67,0, 60,0 e 47,0% de mortalidade foram observados com o hexano, o éter e o extrato butanólico, respetivamente. Com o extrato etéreo das folhas de pinhão-manso, foi atingido um máximo de 70,0% de mortalidade e 40% de mortalidade com a casca de pinhão-manso contra 10,0% de mortalidade no controlo. Em estudos posteriores, as combinações destes óleos podem aumentar ainda mais a mortalidade da praga (Verma *et al.,* 2016).

No bioensaio, Sharma *et al.* (2011) compararam a bioeficácia de extractos de água e fitoquímicos (ésteres de forbol, karanjina, saponinas, AZ) extraídos de quatro plantas indígenas, pinhão-manso, pongam [*Millletia* (=Pongamia*) pinnata* (l.) Pierre], neem e mahua (*Madhuca indica* Gmel.). O extrato de água fria do bolo de neem mostrou melhores resultados (100% de mortalidade em *O. obesus* em 12 h) do que os extractos de água quente (86,7% de mortalidade). O extrato bruto de sementes de pongam induziu 83,3% de mortalidade após 2 h e 100% em 4 h (Sharma *et al.,* 2011). Anteriormente, Singh e Sushilkumar (2008) fizeram experiências com óleo de semente de jatropha a 1, 5, 10 e 20%. A concentração mais elevada resultou numa perda de peso de 18,7-48,8% em trabalhadores de *O. obesus* expostos a madeira tratada.

Uma térmita de construção, *Microcerotermes beesoni* Snyder (Família: Termitidae) é também comum no subcontinente indiano. O extrato de folhas (5%) de *L. camara* em clorofórmio deu até 68,0% de mortalidade 48 h após a aplicação do extrato, e o extrato de folhas de *Ageratum conyzoides* L. em éter de petróleo ou hexano mostrou 67,0% de repelência (Verma *et al*., 2004). Além disso, Kaur e Rawat (2013) avaliaram extractos em água ou químicos de folhas de seis plantas, sementes de duas plantas e raízes de uma planta e, finalmente, recomendaram o extrato de folhas (0,1%) em éter de petróleo de *L. camara*, extrato de etanol (0,1%) de *Murraya keonigii* (L.) Spreng. ou extrato de metanol (0,1%) de *Senna* (=*Cassia*) *occidentalis* (L.) Link. Estes tratamentos causaram uma mortalidade de 100% da praga nas 24 horas seguintes à aplicação. Do mesmo modo, o óleo essencial extraído de *M. fragrans* provocou uma mortalidade de 100% 14 dias após o tratamento com uma dose de 5 mg/g de madeira com uma CL_{50} de 28,6 mg/g (Pal *et al.,* 2011). O extrato em água é comparativamente mais barato do que os produtos químicos e fácil de preparar com materiais locais facilmente disponíveis. Por exemplo, *a L. camara* é uma erva daninha que se encontra abundantemente nos arredores das aldeias, nos pousios, nos feixes de campos e nas bermas das estradas, pelo que o seu extrato pode ser sugerido.

Lakshmanan (2002) encontrou potencial no controlo de térmitas de construção pulverizando extrato de água (>10%) de *Euphorbia clavarioides* Boiss. var. *truncata* (N.E.Br.) White, Dyer & Sloane, *Aloe lateritia* var. *germinicola* (Reynolds), *Melia azedarach* L., *Lippia javanica* (Burm. f.) Spreng ou *O. sanctum*, e óleo de neem (NO) misturado em querosene. Além disso, 20% de óleo bruto de jatropha reduziu uma maior perda de peso na madeira tratada (18,8-48,8% em comparação com fracções de óleo com 10,5-35,2% de perda) ou madeira não tratada (50,8% de perda) (Singh e Sushilkumar, 2008).

4.5. Térmita subterrânea egípcia

No Médio Oriente, a térmita subterrânea egípcia, *Anacanthotermes ochraceus* (Burm.) (Família: Hodotermitidae) foi gerida através da pulverização de estruturas de madeira com um extrato aquoso de quatro plantas tóxicas da região do Saara da África Ocidental, mas apenas o extrato de *Calotropis procera* em água resultou numa mortalidade significativamente mais elevada da praga de 50,0% do que com outras plantas (*Hyoscyamus muticus* L., *Pergularia tomentosa* L. e *Datura stramonium* L.) (Bourmita *et al.*, 2013). Comparativamente, a madeira importada foi resistente ao ataque de pragas. Por conseguinte, o isolamento e a caraterização de aleloquímicos e a sua utilização como repelente ou antifeedante podem conduzir a melhorias no controlo atual de pragas (Kaakeh, 2005).

4.6. A térmita neotropical

O cupim neotropical, *Nasutitermes corniger* (Motsch.) (Família: Termitidae) é uma importante praga estrutural na América Latina. Entre os OEs extraídos de sete plantas indígenas, os de patchouli (*Pogostermon cablin* Benth) e *Lippia sidoides* Cham. foram mais tóxicos para os trabalhadores do que para os soldados e até 25 vezes mais tóxicos do que o óleo de *Croton sonderianus* Mull.-Arg. O OE de *P. cablin* apresentou a menor DL50 de 0,37 ug de óleo/mg de térmita e a menor DL90 de 0,85 ug de óleo/mg de térmita, enquanto que estes valores para *L. sidoides* foram de 0,38 e 1,98 para DL50 e DL90 respetivamente (Lima *et al.*, 2013).

4.7. Complexo de térmitas

Considerando a fácil disponibilidade de produtos comerciais no mercado, o NO é um produto local que pode ser um remédio adequado e pode ser sugerido aos residentes.

Os extractos de plantas (especialmente de neem e lantana), o óleo bruto e os óleos essenciais foram considerados eficazes contra a maioria das espécies de térmitas na Índia (Verma *et al.*, 2009). Do mesmo modo, o óleo de rícino, o óleo de jatropha e o NO revelaram uma toxicidade considerável contra as térmitas e merecem estudos intensivos (Sharma *et al.,* 1990). A maioria destes produtos apresentou vários modos de ação, tais como anti-alimentar, repelente, IGR e tóxico. Novos produtos derivados de plantas incluem o óleo de casca de coco. O seu revestimento reduziu a infestação de térmitas de 100% em madeira não tratada para 34,2% em madeira tratada, e protegeu a madeira até 18 meses (Shiny e Remadevi, 2014). Também os derivados da resina de pinheiro (*Pinus* sp.) (ácidos diterpénicos) ajudaram a reduzir os danos causados pelas térmitas (Nunes *et al.*, 2004). Assim, o óleo e a resina da casca do coco podem ser utilizados eficazmente como protetor (revestimento preventivo) contra as térmitas. Depois de avaliar as formulações comercializadas e as preparações em bruto, deve ser dada preferência a produtos baseados nas espécies vegetais indígenas que estão facilmente disponíveis em abundância.

5. Formigas (Ordem: Hymenoptera)

5.1. Formiga-de-fogo vermelha importada

A formiga-de-fogo vermelha importada, *Solenopsis invicta* Buren (Família: Formicidae) é uma das principais pragas domésticas nos EUA e na América Latina. Os trabalhadores são encontrados a rastejar nos alimentos e doces, tornando-os insalubres. A formiga possui uma picada dolorosa e a ferida rapidamente se enche de pus como resultado da injeção de um poderoso veneno necrosante.

A cobertura vegetal de plantas aromáticas pode ser um repelente eficaz. Por exemplo, uma camada de folhas de cedro ou de cupress com 5 cm de espessura e 30 m de comprimento colocada à volta da residência pode repelir as formigas (Thorvilson e Rudd, 2001). No entanto, a repelência pode ser contrariada pela atração de alimentos. Outras investigações deverão esclarecer se tais coberturas podem ser recomendadas. Entre os produtos formulados, Appel *et al.* (2004) fizeram experiências com grânulos de óleo de menta contra térmitas. No laboratório, a aplicação de grânulos resultou em >50% de mortalidade após 30 min a uma dose de 164,8 mg/cm^2 , e 100% de repelência após 3 h a 147,8 mg/cm^2 . No campo, todos os montículos tratados com grânulos foram abandonados 5 dias após o tratamento. Os grânulos são fáceis de aplicar e podem ser recomendados.

No bioensaio de escavação, Chen (2009) observou que um produto comercial contendo óleo essencial, quando aplicado na areia a 100 mg/kg de areia, era repelente para os adultos. Entre os compostos, o eugenol, o mentol e o salicilato de metilo foram significativamente mais eficazes do que a cânfora e o eucaliptol (todos aplicados a 10 mg/kg de areia). Óleos essenciais isolados de cinco plantas chinesas foram avaliados em laboratório, onde os do óleo de pimenta vermelha (*Capsicum annuum* L.) a 1000 ul/ml mostraram uma repelência máxima de 91,2%, e os OEs de ipomoea, *Ipomoea purpurea* (L.) Roth e capim citronela, *Cymbopogon nardus* (L.) também exerceram um efeito repelente significativo (Wang *et al.,* 2012). Noutra experiência contra trabalhadores, os OEs de oito plantas foram avaliados por fumigação a 0,5- 0,2 mg/tubo. Após 12 h de exposição, foi observada uma mortalidade de 100% em todas as plantas, exceto na erva de inverno (66,6% de mortalidade). Em todas as plantas, a mortalidade das formigas foi dependente do período de exposição e da dose (Teng *et al.*, 2013). Estes óleos essenciais podem ser mais estudados para aplicação na areia para evitar a entrada de formigas nas instalações da casa e podem ser considerados como medida preventiva.

No laboratório, o óleo de madeira de cedro amarelo do Alasca (*Cupress nootkatensis* (Don) Spach) suprimiu significativamente a escavação em 50% na areia tratada devido à repelência (Addesso *et al.*, 2017). No campo, os ensaios de toxicidade de contacto e de fumigação revelaram uma redução de >90% da população em montículos tratados com aplicação em banda de óleo de madeira de cedro. No entanto, o tratamento de montículos com bifentrina foi mais eficaz do que o óleo de cedro (Addesso *et al.*, 2017). No caso da laranja doce [*Citrus sinensis* (L)], as fracções de óleo essencial (principalmente monoterpenos) mostraram uma forte atividade inseticida contra formigas trabalhadoras por fumigação (Hu *et al.*, 2017). A ação fumigante do linalol matou todos os trabalhadores a 20 mg/tubo após 8h de tratamento e o D-limoneno induziu >86% de mortalidade às 8 h de exposição. O pó de botões de cravo aplicado a 3 e 12 mg/cm2 proporcionou 100% de mortalidade de formigas em 6h e repelência de 99,0% em 3 h (Kafle e Shih, 2013). Entre os compostos isolados do óleo de cravo, o eugenol foi o composto de ação mais rápida em comparação com o acetato de eugenol, o beta-cariofilato e o óleo de cravo. A repelência não aumentou com o aumento da taxa de aplicação dos compostos, mas aumentou com o aumento do tempo de exposição. No caso da toxicidade, os valores LT50 inclinaram-se com o aumento da taxa de aplicação dos compostos (Kafle e Shih, 2013).

Um bálsamo contendo OE mentol (48,0%), salicilato de metilo (27,4%), eucaliptol (9,9%), D- (7) cânfora (7,3%) e eugenol (4,2%) foi avaliado quanto à sua repelência contra formigas forrageiras e defensoras (Wen *et al.*, 2016). No laboratório, o bálsamo espalhado na faixa de areia (1 cm de largura) a uma dose de 2 ul/cm^2 matou 100% da população de formigas após 24 h de exposição. Nas residências, a pulverização de bálsamo na superfície do solo pode, portanto, proteger os residentes das picadas de formigas (Wen *et al.*, 2016). Quando a atividade do solo (amostragem a 5-10 cm de profundidade) contendo detritos de folhas de canela (*Cinnamomum zeylanicum* Blume) foi estudada por Zhang (2015), a mortalidade de trabalhadores maiores aumentou de 13,3% para 80,0% e de trabalhadores menores de 6,7% para 100% com tempo de contacto de 1-5 dias. Com bioensaios de atividade repelente, a repelência mais elevada de 96,3% das operárias maiores e menores tratadas com óleo de canela a 5-10 cm durante 24 h foi significativamente mais elevada do que outros tratamentos. Devido às folhas caídas da canela, o solo contendo cinamaldeído e eugenol apresentou atividade inseticida e repelente. Assim, a incorporação de folhas de canela no solo ou a plantação de plantas de canela à volta das casas pode controlar a população de formigas nas áreas circundantes (Zhang, 2015).

5.2. Formiga argentina

A formiga argentina, *Linepithema humile* Mayr *[=Iridomyrmix humiilis* (Mayr)] (Família: Formicidae) é nativa da América Latina. É uma espécie invasora de distribuição mundial, particularmente em regiões com climas amenos, temperados e mediterrânicos. Nos EUA, Austrália e Nova Zelândia, é o inseto doméstico mais incómodo e destrutivo. Estas formigas entram frequentemente nas habitações em busca de alimentos ou de água (sobretudo durante o tempo seco e quente) ou para escapar a ninhos inundados durante períodos de chuva intensa. A aplicação de cobertura vegetal de agulhas de pinheiro (*Pinus* spp.) como armadilha dentro de uma mancha muito maior de cobertura vegetal repelente de cedro aromático (*Juniperus* sp.) não reduziu o número de formigas em 14 dias. Por conseguinte, são necessárias estratégias complementares ou alternativas (Silverman *et al.*, 2006).

Quando os depósitos eram frescos, as três concentrações em *n-hexano* (0,1, 1 e 10%) de OE extraído de cinco plantas (hortelã-pimenta, hortelã-lava, verde-inverno (*Gaultheria procumbens* L.), canela, cravinho), repeliram completamente as formigas no teste de escolha em comparação com os abrigos tratados apenas com solvente (hexano) (Scocco *et al.*, 2012). Após os depósitos terem sido envelhecidos durante 7 d, quatro dos cinco óleos formulados a

0,1% deixaram de ser repelentes, enquanto apenas a hortelã manteve a sua propriedade repelente. A 1% e 10% de concentração de óleo, todos os cinco óleos eram repelentes, enquanto apenas 1% de wintergreen era ligeiramente menos repelente (Scocco *et al.*, 2012).

5.3. Complexo de formigas

Witz *et al.* (2007) avaliaram seis plantas contra *S. invicta* e *L. humile* em laboratório. Os óleos de cinco plantas (manjericão, citronela, limão, hortelã-pimenta, árvore-do-chá [*Melaleuca alternifolia* (Maiden & Betche) Cheel] foram eficazes como barreiras, mas apenas o OE de citronela causou 100% de mortalidade em *S. invicta* após 24 horas de exposição. No teste de escolha, ambas as espécies atravessaram as barreiras tratadas com taxas múltiplas de OEs de cinco plantas com menos frequência do que as barreiras de controlo emparelhadas. No ensaio de exposição contínua, o óleo de citronela matou 50,0% das formigas *L. humile* em 34,3 minutos e causou 100% de mortalidade após 24 h. Os óleos de hortelã-pimenta e de árvore-do-chá causaram uma mortalidade de 89,6% e 85,7%, respetivamente, nas formigas *L. humile*. No caso da *S. invicta*, o óleo de citronela causou uma mortalidade significativa, com 50,6% das formigas mortas após 24 horas de exposição contínua.

A formiga argentina e a formiga doméstica odorífera, *Tapinoma sessile* (Say), evitaram a cobertura vegetal aromática de cedro como substrato de nidificação (Meissner e Silverman, 2001). No entanto, foram mortas quando confinadas em contentores selados. Quando as formigas foram enjauladas durante 140 dias, a mortalidade foi de 100% e diminuiu significativamente durante o período de envelhecimento do mulch. Assim, o mulch de cedro pode ser integrado na gestão de pragas. Outra recomendação pode ser o desenvolvimento de iscos com produtos derivados de plantas que actuariam lentamente mas matariam as formigas.

6. Escaravelhos do tapete (Ordem: Coleoptera)

Duas espécies do género *Attagenus* (Família: Dermestidae) atacam os tecidos domésticos. A espécie *A piceus* (Olivier) é a mais comum nos países europeus e encontra-se também na Ásia e noutras regiões. Outra espécie, *A. fasciatus* Thunberg, foi registada no Médio Oriente. Os escaravelhos e as suas larvas alimentam-se de tecidos (vestuário, tapetes, coberturas de estofos, estofos interiores de mobiliário que contenham lã, pelo, penas ou cabelo).

No Egito, o óleo extraído de partes de quatro plantas [folhas de hortelã-pimenta (*Mentha piperita* L.) e manjericão doce (*Ocimum basilicum* L), e cascas de frutos de limão [*Citrus limon* (L.) Burm.] e laranja doce [*Citrus sinensis* (L.) Osbeck] foram avaliados quanto à toxicidade contra *A. fasciatus* em condições laboratoriais. O óleo de menta apresentou a toxicidade mais elevada com DL_{50} de 1,0 93-4,336 para as larvas e 1,672-6,320 para os adultos. A fumigação das larvas de terceiro instar com óleo de menta numa dose de 1 ml/80cm^3 resultou na malformação das antenas (Bakr *et al.*, 2010). Para controlar o *A. piceus*, o OE de uma planta local, *Zanthoxylum dissitum* Hemsley na China, mostrou toxicidade de contacto com DL_{50} de 96,8 ug/adulto. Os principais compostos cardinol e cariofileno foram encontrados no óxido de etileno extraído das folhas, e o epóxido de humuleno e o cariofileno no óxido de etileno extraído das raízes (Wang *et al.,* 2015).

7. Traças da roupa (Ordem: Lepidoptera)

Existem várias espécies de traças da roupa que têm uma distribuição cosmopolita. A mais comum é a *Tinea pellionella* (L.) (Família: Tineidae), cujas larvas danificam tecidos, lã, pêlos, penas, peles e mobiliário estofado. A lesão resulta em orifícios com caixas ou linhas de seda.

Udakhe *et al.* (2014) relataram a atividade repelente de OEs isolados de folhas de citronela, lavanda (*Lavandula* sp.) e eucalipto (*Eucalyptus* sp.). As microcápsulas contendo um conservante sintético (glydant mais líquido) a 0,5% que matou todas as larvas quando aplicadas à lã (por imersão durante 15 min) (Udakhe *et al.*, 2014). Além disso, houve uma libertação lenta da fragrância com efeito repelente que se manteve mesmo após três lavagens ou três limpezas a seco. A toxicidade residual foi igual à do pesticida comum permetrina (Udakhe *et al.*, 2014).

8. M Peixe-prata (Ordem: Zygentoma/ Thysanura)

A espécie comum de peixe-prata é *Lepisma saccharina* Linn. (Família: Lepismidae), os insectos alimentam-se de proteínas e amido que contêm farinha, livros, papéis e caixas de cartão em que foi utilizada uma pasta ou cola. É frequente a presença de manchas irregulares em livros danificados.

No laboratório, os óleos essenciais das folhas de *Cryptomeria japonica* D. Don (contendo elemol, 16-kaurene, 3-careno e outros compostos) exibiram 80% de repelência a uma dose de 0,01 mg/cm^2 e 100% de mortalidade a 0,16 mg/cm^2 em 10 h de aplicação (Wang *et al.*, 2006). Nas residências, os óleos essenciais (mirtenol, mirtenal, alfa-pineno) extraídos da planta de cipreste da Formosa, *Chamaecyparis formosensis* Matsum, pulverizados no ar a 0,16 mg/cm^3 espaço, mataram completamente a praga no espaço de 2 h após a aplicação (Kuo *et al.*, 2007). A pulverização de OE à superfície ou no ar seria adequada para um controlo eficaz das pragas.

9. Psocídeo/piolho dos livros (Ordem: Psocoptera)

A espécie cosmopolita de psocídeo, *Liposcelis bostrychophila* Badonnel (Família: Liposcelidae) é uma praga importante nos países da Ásia Oriental. Sempre que a infestação de pragas é grave ou os psocídeos estão em grande número, causam danos significativos aos livros e produtos de papel, incluindo material de embalagem. Não se alimentam de papel, mas de fungos que crescem no papel e nos grãos de cereais. A sua abundância em armazéns deve-se à atmosfera húmida.

O óleo essencial de folhas de cupressus (*Cupressus funebris* Endl.) ou de eucalipto (*Eucalyptus citriodora* Hook) a uma dose baixa de 10 ppm mostrou um efeito repelente e foi tóxico quando utilizado a uma dose elevada de 20 ppm para fumigação. A ação foi significativamente melhorada quando os OEs foram combinados com 12% de CO2 + 9% de O2 ou N2 equilibrado (Wang *et al.*, 2001). Entre os 28 compostos do óleo essencial extraído de *Kaempferia galanga* L., apenas o trans-cinamaldeído exerceu uma ação de contacto (CL50 de 68,6 ug/cm^2), fumigante e repelente (CL50 de 1,5 ug/l ar). Em ambos os bioensaios, o composto mostrou forte repelência ao piolho do livro (Liu *et al.*, 2014). Anteriormente, Liu *et al.* (2013) também relataram a atividade repelente e inseticida de OEs extraídos de partes aéreas de *Artemisia rupestris* L. A repelência foi exibida por contacto (LD50 de 414,48 ug/cm$^{2)}$ e atividade de fumigação (LD50 de 6,67 mg/l ar. Os principais compostos do OE foram o acetato de alfa-terpinilo, o espatulenol e o alfa=terpinol. A extração de óleos essenciais é dispendiosa, pelo que os óleos brutos podem ser testados pelo menos quanto à repelência. Zhao *et al.* (2016) analisaram o óleo essencial de *Elsholtzia* sp. e isolaram 36 compostos, sendo os principais a (R)-carvona e a cetona dehidroelsholzia. A alta atividade de contato foi observada com carvona expressa em LC50 de EO (475,2 ug / 1 ar em fumigação e 145,5 ug / cm^2 no ensaio de contato. Os dados correspondentes para a cetona de dehidroelsholzia e a cetona *de Elsholtzia* foram 570,0 e 151,5 e 194,1 ug/cm^2 .

Na China, foram isolados 35 compostos de OE de nove plantas. Entre eles, a carvona, o mentol, o borneol e o beta-endesmol foram fortemente repelentes (>90,0%) a uma dose de 8,8 ul/cm^2 em comparação com a repelência com óleo (>59%) e N,N-dietil-3-

metil benzamida (42%) (Liang *et al.*, 2013). Entre as plantas selecionadas, *Curcuma domestica, Epimedium pubescens* Maximowicz, *Schizonepeta tenuifolia* Briq., *Zinziber officinale* Rosc, *Zanthoxylum schinifolium* Siebold & Zuccanni foram comparativamente mais eficazes do que outras plantas. A partir de *Ageratum houstonianum* Mill, foram isolados 35 compostos por Lu *et al.* (2014), tendo sido observada uma toxicidade máxima por contacto com o pré-coceno-II (LC_{50} de 64,0 ug/cm^2 em comparação com o óleo (LD_{50} de 176,3 ug/cm^2) e o pré-coceno-I (LD_{50} de 211,9 ug/cm^2). Pelo contrário, foi registada uma repelência máxima de 97,0% 24 horas após a aplicação (6,4 ul/cm2) do precoceno-II, seguida do precoceno-I e do óleo com 96,0% e 93,0% de repelência, respetivamente. Do mesmo modo, foram isolados 35 compostos dos rizomas da erva-das-nozes, *C. rotundus,* sendo os principais a alfa-ciperona e o cipereno. O primeiro foi considerado mais tóxico no estudo de contacto (LC_{50} de 41,32 ug/cm^2) do que o segundo (LC_{50} de 50,08 ug/cm^2) e o óleo (LC_{50} de 102,11 ug/cm^2) (Liu *et al.*, 2016). A partir da casca da raiz de *Illicium henryl* Diels, Liu e Liu (2015) isolaram 34 compostos, mas a fumigação a uma dose de 380,39 ug/l de ar de dois dos principais (safrol e miristicina) foi tóxica com LC_{50} de 121,85 ug/l de ar e 322,54 ug/l de ar, respetivamente.

10. Ácaros do pó da casa (Subclasse: Acari)

O ácaro do pó doméstico europeu, *Dermatophagoides farinae* Huges (Família: Pyroglyphidae) e o ácaro do pó doméstico americano, *Dermatophagoides pteronyssinus* (Trouessart) (Família: Pyroglyphidae) são duas importantes pragas domésticas amplamente distribuídas nos países desenvolvidos. Os ácaros, em grande número, estão associados ao pó das habitações. A sua infestação grave está associada à dermatite e os ácaros são uma das principais causas de asma alérgica e rinite crónica.

A toxicidade do extrato aquoso dos frutos da pera da Manchúria, *Pyrus ussuriensis* Maxim, foi estudada por Lee (2007). Entre os compostos isolados deste extrato, a quinona foi mais tóxica a 1,19 ug/cm^3 contra *D. farinae*, seguida de quinaldina e acetato de benzilo e 1,02 ug/cm^3 contra *D. pteronyssinus.* A quinona e a quinaldina foram 7,8 e 8,4 vezes mais tóxicas contra *D. farinae* e a quinaldina foi 6,4 e 6,6 vezes mais tóxica contra *D. pteronyssinus* do que o acetato de benzilo atualmente recomendado. A mortalidade do extrato de capim-limão em várias doses (3,13%, 6,25%, 12,5%, 23,9% e 50,0%) em aplicações tópicas e de contacto foi superior à do extrato de folhas de neem (5%) (Hanifah *et al*., 2011). A 50% durante 24 horas de exposição, o capim-limão resultou numa mortalidade >91% de ambas as espécies de ácaros, enquanto o extrato de folhas matou 40,3% e 8,0% da população de *D. farinae* por aplicação tópica e de contacto. A mortalidade correspondente para *D. pteronyssinus* foi de 15,7 e 8,9% em aplicação tópica e de contacto, respetivamente (Hanifah *et al*., 2011).

O extrato de éter de petróleo de três plantas chinesas, *Cinnamomum aromaticum* Nees (=Cinnamomum *cassia* Blume), *Eugenia caryophyllata* Thunb. e *Pogostemon cablin* (Blanco) Benth, apresentou uma toxicidade de contacto máxima de 0,00460,006 mg/cm2. Os extractos em acetato de etilo e metanol foram significativamente menos eficazes contra *D. farinae* exposto durante 24 h (Wu *et al.,* 2010). Mais tarde, Wu *et al.* (2012) isolaram um novo composto, o ácido 2(1-3-di-hidroxi mas-2-enilideno)-6-metoxi-3-oxo-heptanóico (DHEMH) e 15 outros compostos, incluindo o composto ativo, hidrolisado de pogostona do óleo de *P. cablin.* Os testes de toxicidade de contacto revelaram que o DHEMH foi o mais tóxico para *D. farinae*, com um LD50 de

2,04 ug/cm^2 , seguido do óleo de patchouli (LD50 de 6,11 ug/cm^2), do benzoato de benzilo (LD50 de 9,31 ug/cm^2) e do ftalato de dibutilo (LD50 de 58,52 ug/cm^2). Todos os compostos foram mais eficazes em recipientes fechados do que abertos, uma vez que a fase de vapor foi o modo de administração mais eficaz.

Foi comunicada a atividade acaricida dos OEs extraídos dos botões de cravinho. (Kim *et al.*, 2003). Em geral, os OEs de óleo de capim-limão também foram considerados mais tóxicos para ácaros adultos do que o óleo de gerânio e tomilho e mataram 100% da população a uma dose de 800 ppm (LC50 de 228,992 ppm e 293,615 ppm para *D. farinae* e *D. pteronyssinus,* respetivamente) (Heikal, 2011). Noutro bioensaio, o óleo de timol foi o mais tóxico contra ambas as espécies, seguido do óleo de cravo e do óleo de cânfora. Nesta experiência, os machos foram 2 vezes mais susceptíveis aos óleos do que as fêmeas adultas (Bar, 2001). De acordo com Kim *et al.* (2003), o constituinte mais eficaz para a toxicidade de contacto é o metil eugenol numa dose de 0,94 ug/cm^2 e 0,67 ug/cm^2 contra *D. farinae* e *D. pteronyssinus,* respetivamente. A aplicação de eugenol, acetil eugenol, isoeugenol ou metil eugenol a 17,85 ug/cm^2 como fumigante contra ambas as espécies de ácaros resultou em maior mortalidade de pragas do que o DEET químico (Kim *et al.*, 2003). Tradicionalmente, o óleo de eucalipto é utilizado para evitar a infestação de pragas, sendo necessária mais investigação para verificar a bioeficácia destes óleos e aleloquímicos.

Na Coreia, os óleos essenciais extraídos da casca da planta da canela apresentaram uma forte atividade repelente (88,7%) a 0,090 ul/cm^2 e 100% de mortalidade a 1,25 ul/cm^2 em ensaios de contacto. A eficácia dos OE das folhas ou da casca foi igual à do DEET (Oh, 2011). Do mesmo modo, os OE das folhas de hortelã, *Mentha pulegium* L., mostraram uma melhor bioeficácia tanto por contacto (0,1 ul/cm^2) como por fumigação (0,00125-0,1 ul/cm2 (Rim e Jee, 2006). A mortalidade foi de 100%, 60,5% e 98,4% para os OEs de *Mentha, pulegium, Cymbopogon citratus* e *Conager odorata*, respetivamente. Os OEs de capim-limão e eucalipto também foram fortes repelentes a 00125-0,2% com 6 h de exposição de ambas as espécies, causando 80,6% de repelência com o OE de capim-limão e 90,3% de repelência com o óleo de eucalipto (Lee e Jee,

2010). Na China, os principais OEs citral e limoneno dos frutos de *Litsea cubeba* (Lour.) Pers. e mentol e mentona das folhas de *Mentha arvensis* L. foram avaliados quanto à atividade acaricida. A aplicação de OEs do óleo de *L. cubeba* a 0,8% deu valores de LD_{50} de 1,54 e 1,93 ug/cm^2 para *D. farinae* e *D. pteronyssinus*, respetivamente, e foram 3 a 6 vezes mais eficazes do que o brometo de benzilo, enquanto estes valores para o OE de *M. arvensis* a 0,5% foram 1,46 e 1,83 ug/cm^2 e foram 3 a 7 vezes mais eficazes do que o brometo de benzilo (Jeon e Lee, 2016). O OE geraniol de gerânio foi o mais tóxico (100% de mortalidade) a 10 ug/cm^2 com DL_{50} de 0,28 ug/cm^2 . Este OE revelou-se mais tóxico do que o benzoato de benzilo (LD_{50} de 10,03 ug/cm^2 e o NEET (LD_{50} de 37,12 ug/cm^2 (Jeon *et al.*, 2008).

Saad *et al.* (2006) testaram cinco concentrações ($25x10^{-6}$, $50x10^{-6}$, $100x10^{-6}$, $250x10^{-6}$, $500x10^{-6}$) de OEs e constituintes monoterpenóides contra *D. pteronyssinus.* Com base na LC_{50}, verificaram que concentrações mais elevadas de OEs extraídos de três plantas (cravinho, funcho, *Chenopodium* spp.) e três monoterpenóides (cinamaldeído, cloro-timol, citronelol) eram significativamente superiores ao óleo de eucalipto, alecrim ou cominho (*Carum carvi* L.). No caso do óleo de sementes de cominho (*Cuminum cyminum* L.), os voláteis foram comparados com acaricidas sintéticos (benzoato de benzilo e DEET) com base nos valores LD_{50} (Lee, 2004). Verificou-se que o cinamaldeído foi o mais tóxico (DL_{50} de 2,40 ug/cm^2) para *D. farinae*, seguido do benzoato de benzilo (DL_{50} de 9,32 ug/cm^2) e do timol (DL_{50} de 9,43 ug/cm^2). Foram obtidos resultados semelhantes para *D. pteronyssinus* com LD_{50} de 1,91 ug/cm ,^{2,} 6,50 ug/cm^2 , 6,92 ug/cm^2 e 17,79ug/cm^2 para cinamaldeído, benzoato de benzilo, timol e DEET, respetivamente. De facto, o cinamaldeído foi 3,4-3,9 vezes mais tóxico do que os produtos químicos para os ácaros adultos (Lee, 2004).

11. Desafios actuais e oportunidades de investigação

11.1.Bioeficácia e persistência residual

Os produtos vegetais actuam de forma diferente consoante a sua eficácia. Estas diferenças são atribuídas, entre vários factores, à qualidade e à dose do material de pulverização, às técnicas de aplicação, à cobertura da superfície, à fase de vida do inseto ou do ácaro e às condições meteorológicas. É certo que os produtos vegetais podem ser menos eficazes do que os sintéticos. Uma nova tecnologia de libertação controlada de ingredientes activos pode prolongar a eficácia do produto durante um período alargado e pode resultar numa mortalidade significativa dos parasitas. Mais experiências sobre o carácter prático, a disponibilidade e a relação custo-eficácia provariam se as novas formulações podem ser recomendadas.

Não é possível obter uma mortalidade rápida das pragas com produtos vegetais, uma vez que estes actuam lentamente e não têm toxicidade residual. O efeito residual é importante para a bioeficácia dos produtos vegetais, uma vez que expõe as pragas a efeitos tóxicos durante um longo período. Geralmente, as misturas são mais tóxicas do que um único produto devido à compatibilidade e não são facilmente desintoxicadas (Gahukar, 2014a, b). No caso do extrato aquoso caseiro convencional, a preparação fresca é mais eficaz do que o material armazenado porque os aleloquímicos se dissolvem na água e degradam-se rapidamente devido à sua rápida volatilidade (Gahukar, 2014a). Pelo contrário, o óleo em bruto e os produtos formulados podem ser armazenados durante três meses e um ano, respetivamente (Gahukar, 2014b). No caso dos extractos aquosos, verifica-se uma diminuição correspondente da eficácia com o aumento do prazo de validade. A eficácia diminui ainda mais quando se utiliza material vegetal infestado de pragas ou infetado por doenças na preparação do produto. Isto implica que são necessárias aplicações repetidas para obter a redução desejada da incidência de pragas. Algumas formulações falsas que não estão registadas são frequentemente vendidas nas aldeias. A aplicação de tais produtos pode resultar em toxicidade letal mas numa mortalidade inconsistente da praga (Gahukar, 2017). Assim, é urgente pôr termo a estas práticas ilícitas e verificar os ingredientes activos no tanque de pulverização. O controlo da qualidade tornou-se uma tarefa regular e difícil para os departamentos governamentais que certificam e emitem registos para os fabricantes e inspeccionam as existências das empresas de venda. No caso das operações de pulverização, é necessário verificar o ajuste dos bicos, a taxa de aplicação, a técnica de pulverização, a mistura de pulverização, etc. Estes factores desempenham um papel importante na manutenção da persistência residual, tal como referido por Gahukar (2014b) para os produtos derivados do nim.

Os óleos essenciais, embora bastante eficazes, têm uma volatilidade rápida e uma atividade residual mínima devido à ação fumigante. As piretrinas são lábeis aos raios UV e os resíduos de rotenona degradam-se devido à fotossensibilidade (Cabras *et al.*, 2002). O material local está facilmente disponível a um custo muito baixo ou nulo, mas a sua toxicidade residual diminui rapidamente, em especial a do extrato aquoso. No verão, os ingredientes activos degradam-se rapidamente devido à temperatura elevada, resultando numa persistência comparativamente baixa (Gahukar, 2014b). No entanto, a persistência residual pode ser alargada através da adição de adjuvantes/adesivos, estabilizadores e anti-oxidantes ao material de pulverização. Estes incluem adesivos baratos locais (goma *arábica,* açúcar mascavado) e protectores de raios UV (sabão, detergente em pó) ou produtos comerciais (Sandovit, Saver, Apsa-80). Todos estes produtos deram resultados significativos.

11.2.Normalização dos produtos brutos

A manutenção da qualidade através da estandardização dos produtos é da maior importância para conseguir a máxima mortalidade das pragas. Igualmente importante é o isolamento, a identificação, a síntese e a verificação dos ingredientes activos. Infelizmente, a normalização é uma lacuna grave para a recomendação de produtos vegetais nos países em desenvolvimento e menos desenvolvidos. As infra-estruturas limitadas, incluindo as instalações laboratoriais, e a falta de ajuda financeira dificultam a análise da qualidade das preparações convencionais (extrato aquoso bruto, extrato em água, óleo bruto e bolo desengordurado). (Gahukar, 2014a). De facto, a variação no conteúdo do ingrediente ativo reflecte-se na eficiência do produto no controlo de pragas

(Gahukar, 2014b). No futuro, estudos intensivos ajudarão a obter produtos de qualidade para serem utilizados contra pragas de artrópodes domésticos e estruturais.

Para a comercialização, é imposto um procedimento oficial semelhante para o registo e a concessão de licenças para pesticidas sintéticos e produtos vegetais. De facto, os produtos vegetais são rotulados com o sinal verde ou com a categoria IV dos pesticidas. Por conseguinte, a informação fornecida neste documento é essencialmente de natureza científica ou técnica e não pode ser utilizada sem cumprir os regulamentos actuais e respeitar o procedimento para qualquer tratamento em casa. A regulamentação para harmonizar a disposição geral para a autorização de produtos vegetais difere em cada país e a legislação para a execução das regras está sob a alçada de diferentes ministérios. Geralmente, a lista de substâncias activas é publicada regularmente pela autoridade competente. Além disso, os boletins e as gazetas estão disponíveis nas organizações internacionais (FAO, 2003).

11.3.Segurança para os operadores e residentes, e ambiente

Os produtos vegetais (extrato aquoso, óleo de sementes refinado, produtos comerciais formulados) são amigos do ambiente, especialmente quando são misturados na água, incorporados no solo ou quando os seus vapores se combinam com o ar livre. Uma vez que os produtos vegetais são biodegradáveis, a sua persistência e toxicidade no ambiente são negligenciáveis ou mínimas. Por conseguinte, não são prejudiciais para a fauna benéfica (inimigos naturais das pragas de insectos, polinizadores, abelhas), para o ambiente (solo, ar, água) e para os seres humanos (pessoal de pulverização e residentes) quando aplicados como pulverização, incorporados no solo ou utilizados como fumigante. Sempre que são utilizados sprays que contêm óleos essenciais, a inalação pode ser problemática para a saúde humana. Do mesmo modo, o envenenamento humano ocorre se o material vegetal for colhido com resíduos tóxicos. A toxicidade letal (aguda ou crónica) foi sentida em pessoas envolvidas na pulverização devido à exposição por inalação, ingestão ou contacto dérmico. Estes sintomas, se não forem corretamente diagnosticados, podem resultar em toxicidade aguda ou crónica e mesmo em acidentes mortais. Estudos em humanos e animais mostraram que o material não processado (óleo de sementes, extractos aquosos) é menos tóxico do que os extractos não aquosos e pode ser aplicado no interior das residências com os devidos cuidados (Boeke *et al.*, 2004). Em alguns casos, foi relatado envenenamento moderado pela ingestão de NO não refinado (Dhongade *et al.*, 2008), constituintes terpenóides purificados de óleos essenciais (Isman, 2000) e AZ (Iyyadurai *et al.*, 2010). Além disso, a ingestão de sementes de rícino pode causar envenenamento ou toxicidade em mamíferos (Thornton *et al.*, 2014) se a ricina for libertada através da mastigação (Faisal *et al.*, 2008).

Nos países em desenvolvimento e menos desenvolvidos, os operadores misturam por vezes produtos disponíveis localmente (vinho local, urina de vaca, ervas tóxicas) como sinergistas ou adjuvantes no tanque de pulverização e os produtos vegetais não registados são também utilizados ilegalmente (Gahukar, 2014a). O não uso de vestuário de proteção, incluindo máscara facial, pelos operadores é outra razão para a exposição crónica a produtos vegetais tóxicos (Trumble, 2002). As informações sobre a categoria de toxicidade, o prazo de validade, os antídotos em caso de envenenamento acidental, etc., são claramente indicadas no rótulo do recipiente e no folheto informativo do produto (Trumble, 2002). Por conseguinte, devem ser recomendadas precauções durante estas aplicações em habitações ou nos arredores. Caso contrário, ocorrem envenenamentos acidentais, especialmente quando os operadores não estão bem treinados ou não estão plenamente conscientes das operações a efetuar.

Uma vez que o NO é habitualmente utilizado em produtos médicos e cosméticos, é armazenado no interior das habitações, onde a exposição mão-boca pode causar problemas de saúde. De facto, o NO é provavelmente carcinogénico (EPA, 2012) e causa encefalopatia tóxica (Mishra e Dave, 2013). Pelo contrário, o óleo de nim prensado a frio (CPNO) é comparativamente seguro para os seres humanos, predadores e parasitóides de insectos, abelhas e outros polinizadores (Sundaram *et al.*, 1999), exceto que é ligeiramente tóxico para os organismos aquáticos em laboratório, e foi relatado que as abelhas evitam alimentos que contenham >100 ppm de CPNO (EPA, 2012). Por outro lado, a sua "utilização em interiores" foi aprovada pela EPA nos EUA

(EPA, 2012). Por conseguinte, pode ser recomendado contra pragas domésticas e estruturais.

11.4.Efeito sinérgico

A mistura de produtos vegetais, em especial óleos, com pesticidas químicos revelou-se benéfica devido ao aumento da bioeficácia, ao melhor controlo das pragas e à redução do custo da proteção das plantas devido ao efeito sinérgico (Gahukar, 2014a). Estes estudos foram efectuados em laboratório e seriam necessários mais testes para confirmar estes resultados. Aparentemente, há margem para reduzir a dose de pesticidas sintéticos até 50% quando misturados com produtos vegetais (Gahukar, 2014a). O efeito sinérgico também pode ajudar a reduzir as doses e a evitar o desenvolvimento de resistência nas populações de pragas (Gahukar, 2014a). A compatibilidade dos produtos vegetais com microbianos entomopatogénicos e outras medidas, se estudadas intensivamente, podem abrir novas perspectivas neste domínio. Geralmente, os produtos vegetais são seguros e compatíveis com os entomopatogénicos (Desyanti e Zulmardi, 2011). Assim, a ação sinérgica pode aumentar a bioeficácia do produto para conseguir um melhor controlo das pragas.

Salehzadelia e Mahjub (2011) relataram o efeito antagónico do AZ misturado com piretróides (0,5%), ciflutrina 10WP ou permetrina 25WP (0,1%) contra a barata alemã. Isto é possível porque estes produtos pertencem a diferentes grupos de pesticidas com diferentes modos de ação. Além disso, o efeito antagónico pode dever-se à competição pelo mesmo sítio ou a algumas alterações conformacionais nos sítios-alvo ou nos receptores. Por conseguinte, são necessários estudos exaustivos para confirmar estas conclusões, a fim de incluir estes produtos na estratégia de gestão das pragas. A investigação sobre a relação estrutura-atividade revelaria por que razão alguns óleos essenciais são tóxicos e outros não o são. Do mesmo modo, os resultados laboratoriais devem ser postos em prática para um controlo eficaz das pragas através da realização de actividades de extensão.

A pulverização com produtos sintéticos é fácil e bastante eficaz, devido ao efeito "knock-down"/mortalidade imediata da praga e à persistência residual. Além disso, os agricultores estão sempre interessados em novas moléculas, para as quais é feita muita publicidade, mesmo a nível das aldeias. No entanto, faltam iniciativas para os produtos vegetais por parte dos retalhistas e das agências de desenvolvimento e extensão. Um dos meios para popularizar os produtos comerciais à base de plantas é subsidiá-los e depois organizar demonstrações nos campos dos agricultores. A investigação para promover o sinergismo exibido pelos produtos vegetais necessita da atenção urgente de todas as agências governamentais e empresas privadas envolvidas.

11.5. Disponibilidade de espécies vegetais e de biomassa

As plantas com propriedades pesticidas potenciais estão facilmente disponíveis ao nível das aldeias nos países em desenvolvimento e menos desenvolvidos. No entanto, este potencial não tem sido explorado. A recolha de partes de plantas é um processo moroso e laborioso, uma vez que é necessário identificar espécies vegetais selecionadas. As instalações adequadas para a secagem da biomassa bruta e para o armazenamento são de importância primordial para assegurar a qualidade do produto. As práticas recomendadas de recolha de materiais vegetais e o seu armazenamento podem evitar o ataque de pragas e agentes patogénicos. Durante o armazenamento de longo prazo, é comum observar-se o ataque de fungos saprófitas. Nestes casos, a manutenção da humidade e da temperatura ambiente nas lojas é um requisito importante.

11.6. Gestão integrada das pragas (IPM)

Os produtos vegetais enquadram-se muito bem nos programas de gestão integrada de pragas, uma vez que são misturados ou alternados com outros tratamentos. Além disso, os produtos vegetais são apreciados como medidas não químicas para controlar as pragas sem deixar resíduos perigosos. Com a atual mudança de paradigma na gestão de pragas, há espaço para a utilização de produtos vegetais nas áreas residenciais. Na gestão integrada de pragas, os níveis de limiar económico (LTE) em termos de intensidade de infestação/danos de pragas ou de densidade da população são essenciais para orientar os operadores. Tendo em conta as perdas quantitativas e qualitativas, a vigilância e a monitorização devem tornar-se uma prática regular, uma vez que podem causar danos graves em condições favoráveis ao seu desenvolvimento. Por conseguinte, a determinação do ETL é fundamental para decidir as medidas de controlo contra as pragas domésticas e estruturais regulares e ocasionais de insectos.

No caso das baratas, foi experimentada uma GIP que consiste em iscos tóxicos e pulverização de insecticidas (Miller e Meek, 2004). Neste módulo, a adição de produtos vegetais reduziria certamente o custo do tratamento para o tornar rentável, porque os produtos vegetais provaram ser iguais ou mais eficazes do que os sintéticos. Estas diferenças não se devem apenas à eficácia do produto, mas também à qualidade e à dose do material de pulverização, às técnicas de aplicação, às condições climatéricas, etc. As misturas são geralmente mais tóxicas do que um único produto devido à compatibilidade e sinergismo dos produtos e à dificuldade de desintoxicação (Gahukar, 2014a). Nos países onde os residentes não podem comprar pesticidas sintéticos dispendiosos, devem ser disponibilizados no mercado local produtos "prontos a usar" derivados de plantas. Durante o tratamento das residências e dos arredores, o custo do tratamento não foi calculado e, por conseguinte, a recomendação de módulos de GIP eficazes continua a ser um problema.

O controlo natural de pragas por inimigos naturais indígenas não tem sido estudado intensivamente. profundidade. No oeste de Sumatra (Indonésia), Desyanti e Zulmardi. (2011) relataram a patogenicidade contra térmitas, *C. gestroi*, de três fungos entomopatogénicos, *Myrthocium roridum* Todeex Stecedet, *Beauveria bassiana* (Bals.) Vuill. e *Metarhizium* sp. de origem natural. Outras investigações no país e noutros locais podem mostrar a possibilidade de explorar estes agentes patogénicos em grandes áreas e devem constituir uma componente importante da gestão de pragas.

11.7. Medidas legislativas

O desrespeito das regras e regulamentos governamentais sobre a utilização de pesticidas é uma infração. Infelizmente, esta questão é frequentemente negligenciada nos países em desenvolvimento e menos desenvolvidos. Quando os aplicadores não estão conscientes das propriedades tóxicas dos produtos vegetais, é importante ler o rótulo e seguir as instruções escritas. Apenas os produtos registados e recomendados devem ser utilizados nas residências, porque há a possibilidade de serem vendidas no mercado formulações espúrias e não registadas a um preço bastante baixo. Além disso, a maioria dos produtos vegetais são popularizados por marcas, nomes de empresas ou nomes locais. Pode ser essencial que os nomes dos ingredientes activos/genéricos se tornem populares entre os operadores e os residentes. Atualmente, várias empresas privadas anunciam os seus serviços ao domicílio para controlar as pragas domésticas e estruturais. Qualquer empresa registada pode fazer o trabalho de forma eficiente, embora seja dispendioso. A inspeção regular por pessoal qualificado é a principal tarefa que realizam. Estes serviços estão disponíveis nas cidades. Os habitantes também devem estar atentos à atividade das pragas, uma vez que a maioria dos insectos se abriga na cozinha, na livraria, na farmácia, etc.

12. Estratégias futuras

No entanto, a pulverização de produtos derivados de plantas foi experimentada contra 4 espécies de baratas, 6 espécies de térmitas, 2 espécies de formigas domésticas, 2 espécies de escaravelhos de tapete, 2 espécies de ácaros do pó da casa, e 1 espécie de cada uma das traças da roupa, peixes prateados e psocídeos. As principais vantagens dos produtos vegetais incluem uma bioeficácia razoável contra as pragas domésticas e estruturais, baixa toxicidade para os insectos benéficos (abelhas, polinizadores, borboletas, etc.) que são caraterísticas comuns nos jardins domésticos, segurança comparativa para os seres humanos, biodegradabilidade e nenhum registo de desenvolvimento de resistência nas pragas. Por conseguinte, foi discutida a possibilidade de substituir ou, pelo menos, reduzir os pesticidas químicos nas zonas residenciais. Além disso, é possível um controlo integrado das pragas através da combinação de outros métodos (armadilhagem em massa com misturas de feromonas), agentes de biocontrolo e biopesticidas, saneamento das habitações e aplicações baseadas nas necessidades de produtos químicos menos perigosos. A necessidade urgente de determinar os níveis de limiar económico para as principais pragas é realçada.

Entre os materiais de pulverização, os extractos aquosos, o óleo bruto e os extractos em solventes químicos mostraram uma mortalidade comparável das pragas, mas os óleos essenciais e os seus compostos foram significativamente melhores porque têm vários modos de ação quando utilizados como veneno de contacto ou fumigantes, sendo estes últimos bastante eficazes contra insectos voadores. Em geral, os produtos derivados de plantas podem ser recomendados para utilização como pulverizadores. A segurança dos operadores e dos residentes é de importância primordial nas zonas urbanas. Por conseguinte, a sensibilização das pessoas afectadas para os efeitos tóxicos dos produtos químicos ajudaria a reduzir ou a evitar o envenenamento acidental. Além disso, alguns produtos vegetais podem ser tóxicos para os seres humanos, mas são necessários mais estudos sobre estes aspectos.

Referências

Addesso K.M., Oliver J.B., O'Neal P.A. e Youssef N. (2017) Eficácia do óleo de nootka como biopesticida para a gestão de formigas-de-fogo importadas (Hymenoptera: Formicidae). *Jornal de Entomologia Económica* 110(4), 1547-1555. DOI: https://doi.org/10.1093/jee/tox114.

Ahmad F.B.H., Mackeen M.M., Ali A.M., Mashirun S.R. e Yaacob M.M. (1995) Repelência de óleos essenciais contra a barata doméstica, *Periplaneta americana* (L.). *Jornal Internacional de Ciência dos Insectos Tropicais* 16, 391-393. Doi.org/10.1017/S174275840001748x.

Alali F.Q., Kaakeh W., Bennett G.W. e McLaughin J.L. (1998) Annonaceous acetogenins as natural pesticide: potent toxicity against insecticide-susceptible and resistant German cockroaches (Dictyoptera: Blattellidae). *Jornal de Entomologia Económica* 91(3), 641-649. DOI: htttps://doi.org/10.1093/jee/913.641.

Alzogaray R.A., Lucia A., Zerba E.N. e Masuh H.M. (2011) Atividade inseticida de óleos essenciais de onze *Eucalyptus* spp. e dois híbridos: efeitos letais e subletais de seus componentes principais em *Blattella germanica. Journal of Economic Entomology* 104(1), 595-600. DOI: https://doi.org/10.1603/EC10045

Appel A.G. (1997) Nonchemical approaches to cockroach control. *Jornal de Entomologia Agrícola* 14(3), 271-280.

Appel A.G., Gehret M.J. e Tanley M.J. (2001) Repelência e toxicidade do óleo de menta para baratas americanas e alemãs (Dictyoptera: Blattidae e Blattellidae). *Journal of Agricultural and Urban Entomology* 18(3), 149-156.

Appel A.G., Gehret M.J. e Tanley M.J. (2004) Repelência e toxicidade de grânulos de óleo de menta para a formiga-de-fogo-vermelha (Hymenoptera: Formicidae). *Journal of Economic Entomology* 97(2), 575-580. DOI: https://doi.org/10.1093/jee/97.575.

Bakr A.A. (2010) Efeitos acaricidas de três extractos de óleos vegetais contra dois ácaros, *Dermatophagoides farinae* Hughes e *Dermatophagoides pteronyssinus* Trouessart (Acari: Pyroglyphidae). *Acarinos* 4, 21-24,

Bakr R.F.A., Fattah H.M.A., Salim N.M. e Atiya N.H. (2010) Toxicidade inseticida de quatro óleos voláteis em pragas de insectos de dois museus. *Jornal da Academia Egípcia de Ciências Biológicas* 2(2), 57-66.

Bhatta D., Henderson G. e Gautam B.K. (2016). Toxicidade e não repelência de spinosad e spinetoram em cupins subterrâneos Formosan (Isoptera: Rhinotermitidae). *Journal of Economic Entomology* 109, 1341-1349. DOI: https://doi.org/10.1093/jee/tow079.

Blaske V.U. and Horst H. (2001) Repellent and toxic effects of plant extracts on subterranean termites (Isoptera: Rhinotermitidae). *Journal of Economic Entomology* 94, 1200-1208. DOI: https://doi.org/10.1603/0022-0493-94.5.1200.

Boeke S.J., Boersma M.G., Alink G.M., van Loon J.J.A., van Huis A., Dicke M. e Rietjens I.M.C.M. (2004) Safety evaluation of neem (*Azadirachta indica*) derived pesticides. *Journal of Ethnopharmacology* 94(1), 25-41.

Boue S.M. e Raina A.K. (2003) Effects of plant flavonoids on fecundity, survival and feeding of the Formosan subterranean termite. *Journal of Chemical Ecology* 29(11), 2575-2584.

Bourmita Y., Cheriti A., Ould El-hadi M.D., Mahmoudi K. e Belboukhari N. (2013) Atividade antitermítica de extractos aquosos de plantas tóxicas do Sara contra *Anacanthotermes ochraceus*. *Jornal de Entomologia* 10, 207-213.

Cabras P., Caboni P., Cabras M., Argioni A. e Russo M. (2002) Rotenone residues on olives and olive oil. *Journal of Agricultural and Food Chemistry* 50(9), 25762580. DOI: Doi.10.1021/jf011430r.

Castillo V.P., Sajap A.S, e Sahri M.H. (2013) Resposta alimentar de térmitas subterrâneas, *Coptotermes athus* e *Coptotermes gestroi* (Blattodea: Rhinotermitidae) a iscos suplementados com açúcares, aminoácidos e mandioca. *Journal of Economic Entomology* 106(4), 1794-1801. DOI: https://doi.org/10.1603/EC/12301.

Chang S.T. e Cheng S.S. (2002) Atividade anti-termítica de óleos essenciais de folhas e seus constituintes de *Cinnamomum osmophloem*. *Journal of Agricultural and Food*

Chemistry 50(6), 1389-1392. DOI: 10.1021/jf0109440.

Chang S.T., Cheng S.S. e Wang S.Y. (2001) Atividade anti-termítica de óleos essenciais e componentes de Taiwania (*Taiwania cryptomerioides*). *Journal of Chemical Ecology* 27, 717-724.

Chang K.S. and Ahn Y.J. (2002) Fumigant activity of (E)-anethole identified in *Illicium verum* fruit against *Blattella germanica. Pest Management Science* 58(2), 161-166. DOI: 10.1002/ps 435.

Chang K.S., Shin E.H., Park C. e Ahn Y.J. (2012) Toxicidade de contacto e fumigante dos constituintes do destilado de vapor de *Cyperus rotundus* e compostos relacionados com *Blattella germanica* suscetível e resistente a insecticidas. *Jornal de Entomologia Médica* 49(3), 631-639.

Chauhan K.R. e Raina A.K. (2006) Effect of catnip oil and its major compounds on the Formosan subterranean termite (*Coptotermes formosanus*). *Biopesticides International* 2, 137-143.

Chen J. (2009) Repelência de um produto de óleo essencial de venda livre na China contra trabalhadores de formigas-de-fogo vermelhas importadas. *Jornal de Química Agrícola e Alimentar* 57(2), 618-622. DOI: 10.1021/jf8028072.

Cheng S.S., Wu C.L., Chang H.T., Kao Y.T. e Chang S.T. (2004) Actividades anti-termíticas e antifúngicas do óleo essencial da folha de *Calocendrus formosana* e sua composição. *Jornal de Ecologia Química* 30, 1957-1967.

Cheng S.S., Chang H.T., Wu C.L. e Chang S.T. (2007) Actividades anti-termíticas de óleos essenciais de árvores coníferas contra *Coptotermes formosanus*. *Bioresource Technology* 98. 456-459.

Cornelius M.L., Grace J.K. and Yates J.R. (1997) Toxicity of monoterpenoids and other natural products to the Formosan subterranean termite (Isoptera; Rhinotermitidae). *Journal of Economic Entomology* 90(2), 320-325. DOI: https://doi.org/10.1093/jee/90.2.320.

Desyanti Y. e Zulmardi. (2011) Patogenicidade do fungo entomopatogénico,

Myrthocium roridum Todeex Stecedet, *Beauveria bassiana* (Bals.) Vuill. e *Metarhizium* sp. de fonte natural no oeste de Sumatra, Indonésia, contra *Coptotermes gestroi* Wasmann (Blattodea: Rhinotermitidae), Actas do 8th Pacific Rim Termite Research Group, 28 de fevereiro - 1 de março de 2011, realizado em Banguecoque, Tailândia.

Dhongade R.K., Kawade S.G. e Damle R.S. (2008) Envenenamento por óleo de neem. *Indian Pediatrics* 45, 56-58.

Elango G., Abdul Rahman A., Kamaraj C., Bhagavan A., Abduz Zahir A., Santhoshkumar T., Marimuthu S., Velayutham K., Jayaseelan C., Kirthi H.V. e Rajakumar G. (2012) Eficácia dos extractos de plantas medicinais contra a térmita subterrânea Formosan, *Coptotermes formosanus*. *Industrial Crops and Products* 36(1), 524-530.

Eller F.J., Clausen C.A., Green F. e Taylor S.L. (2010) Extração crítica com fluido de *Juniperus virginiana* L. e bioatividade dos extractos contra térmitas subterrâneas e fungos da podridão da madeira. *Industrial Crops and Products* 32(3), 481-485.

EPA (2012) Documento da secção de registo de biopesticidas, Divisão de Biopesticidas e Prevenção da Poluição, Agência de Prevenção Ambiental, EUA. 21 pp.

Faisal A.A.T. e Ahmad E.M.H. (2008) Um caso de envenenamento por mamona. *Jornal Médico da Universidade Sultão Qaboos* 8(1), 83-87.

FAO (2003) Azadiractina: Especificações e avaliações da FAO para pesticidas agrícolas. Divisão de Produção e Proteção Vegetal, FAO, Roma, Itália.

http ://www.fao. org/ag/agpp/pesticid/.

Ferrero A.A., Chopa C.S., Gonzalez J.O.W. e Alzogaray R.A. (2007) Repelência e toxicidade de extractos *de Schimus molle* sobre *Blattella germanica. Fitoterapia* 7, 311314.

Fokialakis N., Osbrink W.L.A., Mamonov L.K., Gemejieva N.G., Mims A.B., Skaltsounis A.L., Lax A.R. e Cantrell C.L. (2006) Efeitos antifeedantes e de toxicidade de tiopenos de quatro espécies de *Echinops* contra a térmita subterrânea da Formosa,

Coptotermes formosanus. *Pest Management Science* 62, 832-838. DOI: 10.1002/ps 1237.

Gahukar R.T. (2014a) Potencial e utilização de produtos vegetais no controlo de pragas, In: Integrated Pest Management: Current Concepts and Ecological Perspective (Ed. D.P. Abrol), Elsevier Inc., Nova Iorque, NY, EUA, pp.125-139.

Gahukar R.T. (2014b) Factores que afectam o teor e a bioeficácia dos fitoquímicos do nim (*Azadirachta indica* A. Juss.) utilizados no controlo de pragas agrícolas: uma revisão. *Proteção das Culturas* 62, 93-99.

Gahukar R.T. (2017) Utilização de produtos derivados de plantas para controlar pragas de artrópodes domésticos e estruturais *Revista Internacional de Ciências Básicas e Aplicadas* 6(2):22-28. DOI: 10.14419/ijbas.v612.7483.

Gahukar R.T. e Mital S. (2017) Castor oil. In: Manual de Pesticidas Verdes: Essential Oils for Pest Control (Eds. Leo M. L. Nollet & H.S. Rathore), CRC Press, Boca Raton, Florida, USA, pp. 333-364.

Gaire S., O'Connell M., Holguin F.O., Amatya A. e Bundy S. (2017) Propriedades insecticidas de óleos essenciais e alguns dos seus constituintes na barata do Turquestão (Blattodea: Blattidae). *Jornal de Entomologia Económica* 110(2), 584-592. DOI: https://doi.org/10.1093/jee/tox035.

Gupta A., Sharma S. e Naik S.N. (2011) Biopesticidal value of selected essential oils against pathogenic fungus termites and nematodes. *International Biodeterioration and Biodegradation* 65(5), 703-707.

Hanifah A.L., Awang S.H., Ming H.T., Abidin S.Z. e Omar M.H. (2011) Atividade acaricida de *Cymbopogan citratus* e *Azadirachta indica* contra ácaros do pó da casa. *Asian Pacific Journal of Biomedicine* 1(5), 365-369.

Heikal H.M. (2011) Estudos sobre a ocorrência, identificação e controlo dos ácaros do pó da casa em casas rurais da localidade de Shabin El-Kom, Egito. *Jornal de Ciências Biológicas do Paquistão* 18, 179-184.

Hertel W. and Muller P.J. (2006) Physiological effects of the natural products quassin, cinnamaldehyde and azadirachtin on *Periplaneta americana* (L.). *Journal of Applied Entomology* 130(5), 323-328. DOI: 10.1111.1439.0418.2006.01o65x.

Himmi S.K., Tarmadi D., Ismayati M. e Yusuf S. (2013) Desempenho da bioeficácia da formulação à base de nim na proteção da madeira e barreira do solo contra térmitas subterrâneas, *Coptotermes gestroi* Wasmann (Isoptera: Rhinotermitidae). *Procedia Environmental Sciences* 17, 135-141.

Hong M.S. e Jee C.H. (2009) Efeito repelente dos óleos essenciais de árvores coníferas contra os ácaros do pó da casa (*Dermatophagoides farinae* e *Dermatophagoides pteronyssinus). Jornal Coreano do Serviço Veterinário* 32(1), 87-92.

Hu F.V., Zhang N., Chen H., Zhong B. e Yang A. (2017) Atividade fumigante das fracções de óleo essencial de laranja doce contra a formiga-de-fogo vermelha importada (Hymenoptera: Formicidae). *Jornal de Entomologia Económica* 110(4), 1556-1562. DOI: https://doi.org/10.1093/jee/tox120.

Isman M.B. (2000) Plant essential oils for pest and disease management. *Crop Protection* 19, 503-608.

Iyyadurai R., Surekha V., Sathendra S., Wilson B.P. e Gopinath K.G. (2010) Azadirachtin poisoning: a case report. *Clinical Toxicology* 48(8), 857-858.

Jeon Y.J. e. Lee H.S. (2016) Composição química e actividades acaricidas dos óleos essenciais dos frutos de *Litsea cubeba* e das folhas de *Mentha arvensis* contra o pó da casa e os ácaros dos alimentos armazenados. *Journal of Essential Oil Bearing Plants* 19(7), 1721-1728.

Jeon J.H., Kim. H.W., Kim M.G. e Lee H.S. (2008) Actividades de controlo de ácaros de constituintes activos isolados de *Pelargonium graveolens* contra ácaros do pó da casa. *Jornal de Microbiologia e Biotecnologia* 18(10), 1666-1671.

Jung W.C., Jang Y.S., Hieu T.T., Lee C.K. e Ahn Y.J. (2007) Toxicidade dos compostos de sementes de *Myristica fragrans* contra *Blattella germanica* (Dictyoptera: Blattellidae). *Journal of Medical Entomology* 44, 524-529. DOI: Doi.org/10.1093/jmedent/44.3.524.

Kaakeh W. (2005) Survival and feeding responses of *Anacanthatermes ochraceus* (Hodotermitidae: Isoptera) to local and imported wood. *Journal of Economic Entomology* 98(6), 2137-2142. DOI: https://doi.org/10.1093/jee/98.6.2137.

Kafle T. e Shih CJ. (2013) Toxicidade e repelência de compostos de cravo-da-índia (*Syzygium aromaticum*) para formigas-de-fogo importadas vermelhas, *Solenopsis invicta* (Hymenoptera: Formicidae). *Journal of Economic Entomology* 106(1), 131-135. DOI: https://doi.org/10.1603/EC12230.

Kard B., Hiziroglu S. e Payton M.E. (2007) Resistência dos painéis de cedro vermelho oriental aos danos causados pelas térmitas subterrâneas (Isoptera: Rhinotermitidae). *Forest Products Journal* 57(11), 74-79.

Karr L.L. e Coats, J.R. (1992) Efeitos de quatro monoterpenóides no crescimento e reprodução da barata alemã (Blattodea: Blattellidae). *Journal of Economic Entomology* 85(2), 424-429. DOI: https://doi.org/10.1093/jee/85.2.424.

Kaur M. e Rawat B.S. (2013) Propriedades antitermíticas de extractos de plantas selecionados contra térmitas infestantes de edifícios, *Microcerotermes beesoni* Snyder. *Pestology* 37(8), 11-14.

Keefer T.C., Puckett R.T., Brown K.S. e Gold R.E. (2015) Ensaios de campo com inseticida 0,5 novaluron aplicado como isco para controlar térmitas subterrâneas (*Reticulitermes* sp. e *Coptotermes formosanus* (Isoptera: Rhinotermitidae) em estruturas. *Journal of Economic Entomology* 108(5), 2407-2413. DOI: https://doi.org/10.1093/jee/tov200..

Khalil H.P.S.A., Kong N.H., Ahmad M.N., Bhat A.H., Jawaid M. e Jumat S. (2009) Extração selectiva por solvente da casca de *Rhizophora apiculata* como agente antitermite contra *Coptotermes gestroi*. *Jornal de Química e Tecnologia da Madeira* 29, 286-304.

Kim E.H., Kim H.K. e Ahn, Y.J. (2003) Atividade acaricida do óleo de botões de cravinho contra *Dermatophagoides farinae* e *Dermatophagoides pteronyssinus* (Acari: Pyroglyphidae). *Journal of Agricultural and Food Chemistry* 51(4), 885-889. DOI:

10.1021/jf0208278.

Koul O., Walia S. e Dhaliwal G.S. (2008) Essential oils as green pesticides: potential and constraints. *Biopesticides International* 4, 63-84.

Kuo P.M., Chu F.H., Chang S.T., Hsiao W.F. e Wang S.Y. (2007) Atividade inseticida do óleo essencial de *Chamaecyparis formosensis* Matsum. *Holzforschung* 61, 595-599.

Kuswanto E., Ahmad I. e Dungani R. (2015) Ameaça de ataque de térmitas subterrâneas nos países asiáticos e seu controlo: uma revisão. *Jornal Asiático de Ciências Aplicadas* 8, 227-239.

Lakshmanan K.K. (2002) Indigenous methods of integrated termite management. *Indian Farmers' Digest* 35(1), 25-27.

Lee H.S. (2004) Antimite activity of cumin volatiles against *Dermatophagoides farinae* and *Dermatophagoides pteronyssinus* (Acari: Pyroglyphidae). *Jornal de Microbiologia e Biotecnologia* 14(4), 805-809.

Lee H.S. (2007) Efeitos acaricidas da quinona e dos seus congéneres e alteração da cor de *Dermatophagoides* spp. com quinona. *Jornal de Microbiologia e Biotecnologia* 17(8), 1394-1398.

Lee J.Y. e Jee CH. (2010) Efeito repelente dos óleos essenciais de eucalipto contra os ácaros do pó da casa (*Dermatophagoides farinae* e *Dermatophagoides pteronyssinus)*. *The Korean Journal of Veterinary Service* 33(2), 167-171.

Lee H.R., Kim G.H., Choi W.S. e Park I.K. (2017) Atividade repelente de óleos essenciais de plantas apiaceae e seus constituintes contra baratas alemãs adultas. *Jornal de Entomologia Económica* 110(2), 552-557. DOI: Doi.org10.1093/jee/tow290.

Li J. e Ho S.H. (2003) Folhas de Pandan (*Pandanus amaryllifolius* Roxb.) como repelente natural de baratas. Actas do 9th Natural Undergraduate Research Opportunities Program, Universidade Nacional de Singapura, Singapura.

Liang Y., Li J.L., Xu S., Zhao N.N., Zhou L., Chang J e Liu Z.L. (2013) Avaliação da repelência de alguns óleos essenciais de ervas medicinais chinesas contra *Liposcelis bostrychophila* (Psocoptera: Liposcelidae) e *Tribolium castaneum* (Coleoptera: Tenebrionidae). *Journal of Economic Entomology* 106(1), 513-519. DOI: doi.org/10.1603/EC/2247.

Liang D., McGill J. e Pietri J.E. (2017) Resistência cruzada unidirecional em populações de baratas alemãs (Blattodea: Blattellidae) expostas a iscos insecticidas. *Journal of Economic Entomology* 110(4), 1713-1718. DOI: Doi.org/10.1093/jee/tox144

Lima J.K.A., Albuquerque E.I.D., Santos A.C.C., Oliviera A.P., Araujo A.P.A., Blank A.F., Arrigoni -Blank M.F., Alves P.B., Santos D.A. e Baxi L. (2013) Biotoxicidade de alguns óleos essenciais de plantas contra o cupim, *Nasutitermes corniger* (Isoptera: Termitidae). *Culturas e Produtos Industriais* 47, 246-251.

Ling A.I., Sulaiman S. e Othman H. (2009) Avaliação do óleo essencial *de Piper aduncum* Linn. (Família: Piperaceae) contra *Periplaneta americana* (L.). *Iranian Journal of Arthropod-borne Diseases* 3(2), 1-6.

Liu Z.L., Yu M., Li X.M., Wan T. e Chu S.S. (2011) Atividade repelente de oito óleos essenciais de ervas medicinais chinesas para *Blattella germanica* L. *Records of Natural Products* 5, 176-183.

Liu X.C., Li Y.P., Li H.X., Deng Z.W., Zhou L, Liu Z.L. e Du S.S. (2013) Identificação de constituintes repelentes e insecticidas do óleo essencial das partes aéreas de *Artemisia rupestris* L. contra *Liposcelis bostrychophila* Badonnel. *Molecules* 18(9), 10733-10746. Doi 10.3390/molecules 180910733.

Liu X.C., Liang Y., Shi W.P., Liu Q.Z., Zhou L. e Liu Z.L. (2014) Efeitos repelentes e insecticidas do óleo essencial dos rizomas de *Kaempferia galanga* em *Liposcelis bostrychophila* (Psocoptera: Liposcelidae). *Journal of Economic Entomology* 107(4), 1706-1712. DOI: doi.org/10.1603/EC13491.

Liu X.C. e Liu Z.L (2015) Análise do óleo essencial da casca da raiz de *Illicium henryl* Diels e da sua atividade inseticida contra *Liposcelis bostrychophila* Badonnel. *Jornal de Proteção Alimentar* 78(4), 772-777.

Liu X.C., Lu X.N., Liu Q.Z. e Liu Z.L. (2016) Composição química e atividade inseticida do óleo essencial de rizomas de *Cyperus rotundus* contra *Liposcelis bostrychophila* (Psocoptera: Liposcelidae). *Journal of Essential Oil Bearing Plants* 19(3), 640-647.

Lu X.N., Liu X.C, Liu Q.Z e Liu Z.L. (2014) Isolamento de constituintes insecticidas do óleo essencial de *Ageratum houstonianum* Mill contra *Liposcelis bostrychophila* Badonnel. *Journal of Chemistry*. Disponível em http//dx.doi.org/10.1165/2014/645687.

Mahapatro G.K. (2017) Pode desenvolver-se resistência a insecticidas nas térmitas? *Current Science* 112(6), 1097-1098.

Mahapatro G.K., Debajyoti C. e Gautam R.D. (2017) Conhecimento tradicional indígena (ITK) sobre térmitas: abordagens ecológicas para a gestão sustentável. *Revista Indiana de Conhecimento Tradicional* 16(2), 333-340.

Manzoor F., Munir N., Amdreen A. e Naz S. (2012) Eficácia de alguns óleos essenciais contra a barata *americana, Periplaneta americana* (L.). *Journal of Medicinal Plants Research* 6, 1065-1069.

Mao L. and Henderson G. (2007) Antifeedant activity and acute and residual toxicity of alkaloids from *Sophora flavescens* (Leguminosae) against Formosan subterranean termites (Isoptera: Rhinotermitiade). *Jornal de Entomologia Económica* 100(3), 866870. Doi.org/10.1093/jee/100.3.866.

Mascocchi M., Dimarco R, D. e Corley J.C. (2017) Gestão de pragas de insectos sociais em ambientes urbanos. *Revista Internacional de Gestão de Pragas* 63(3), 205-206.

Meissner H.E. e Silverman J, (2001) Effects o aromatic cedar mulch on the Argentine ant and the odorous house ant (Hymenoptera: Formicidae). *Journal of Economic Entomology* 94(6), 1526-1531. Doi.org/10.1603/0022-0493-94.6.1526. .

Messenger M4T., Su N.Y., Jusseneder C. e Grace J.K. (2005) Estudos de eliminação e reinvasão com *Coptotermes formosanus* (Isoptera: Rhinotermitidae) no Louisiana. *Jornal de Entomologia Económica* 98(3), 916-929. Doi.org10.1603/0022- 0493-

983.916.

Miller D.M. and Meek P. (2004) Cost and efficacy comparison of integrated pest management strategies with monthly spray insecticide applications for German cockroach (Dictyoptera: Blattellidae) control in public housing. *Journal of Economic Entomology* 97, 559-569. Doi.org/10.1093/jee/97.2.559.

Mishra, A. e Dave, N. (2013) Envenenamento por óleo de neem: relato de caso de um adulto com encefalopatia tóxica. *Indian Journal of Critical Care Medicine* 17(5), 321-322.

Ngoh S.P., Choo L.E., Pang F.Y., Huang Y., Kini M.R. e Ho S.H. (1998) Propriedades insecticidas e repelentes de nove constituintes voláteis de óleos essenciais contra a barata *americana*, *Periplaneta americana* (L.). *Pest Management Science* 54(3), 261-268. Doi.10.1002(SICI) 1096-9063(199810) 54.3<261 AID.PS 794>3.0.CO.2-c.

Nunes L., Nobre T., Gigante B. e Silva A.M. (2004) Toxicidade de derivados de resina de pinheiro em térmitas subterrâneas (Isoptera: Rhinotermitidae). *Gestão da Qualidade Ambiental* 15(5), 521-528.

Ogunleye R.F. (2010) Bioensaios de toxicidade de produtos de diferentes plantas contra a praga doméstica *Periplaneta americana* (Linnaeus). *Jornal de Ciência e Tecnologia* 30(2), 29-32.

Oh J.H.M. (2011) O efeito acaricida e repelente do óleo essencial de canela contra os ácaros do pó da casa. *Revista Internacional de Medicina. Saúde, Biomédica, Engenharia e Engenharia Farmacêutica* 5(12), 666-670.

Omara S.M., Al-Ghamdi K.M., Mahmood M.A.M. e Sharawi S.E. (2013) Repelência e toxicidade fumigante dos óleos de cravo e sésamo contra a barata *americana*, *Periplaneta americana* (L.). *Jornal Africano de Biotecnologia* 12, 963970.

Pal M., Kumar R. e Tewari S.K. (2011) Atividade anti-térmitas do óleo essencial e dos seus componentes da *Myristica fragrans* contra *Microcerotermes beesoni*. *Jornal de Ciências Aplicadas e Gestão Ambiental* 15, 597-599.

Peterson C.J., Zhu J. e Coats J.R. (2002a) Identificação de componentes do fruto da laranja osage (*Maclura pomifera*) e a sua repelência para as baratas alemãs. *Journal of Essential Oil Research* 14, 233-236.

Peterson C.J., Nemetz L.T., Jones L.M. e Coats J.R. (2002b) Behavioral activity of catnip (Lamiaceae) essential oil components to the German cockroach (Blattodea: Blattellidae). *Journal of Economic Entomology* 95(2), 377-380. Doi.org/10.1603/0022-0493-95.2.377.

Phillips A.K. e Appel A.H. (2010) Atividade fumigante de óleos essenciais para a barata alemã (Dictyoptera: Blattellidae). *Jornal de Entomologia Económica* 103(3), 781-790. Doi.org/10.1603/EC09358.

Phillips A.K., Appel A.H. e Sims S.R. (2010) Toxicidade tópica de óleos essenciais para a barata alemã (Dictyoptera: Blattellidae). *Jornal de Entomologia Económica* 103(2), 448-459. Doi.org/10.1603/EC09192.

Prabhakaran S.K. e Kamble S.T. (1996) Effect of azadirachtin on different strains of German cockroach (Dictyoptera: Blattellidae). *Environmental Entomology* 25(1), 130-134. Doi.org/10.1093/ee/25.1.130.

Raina A., Bland J., Doolittle M., Lax A., Boopathy R. e Folkins M. (2007) Effect of orange oil extract on the Formosan subterranean termite (Isoptera: Rhinotermitidae). *Jornal de Entomologia Económica* 100(3), 880-885. Doi.org/10.1093/jee/100.3880.

Rajitha T.P., Reshma J.K e Mathew A. (2014) Estudo da atividade repelente de diferentes pós de plantas contra a barata (*Periplaneta americana*). *Jornal Internacional de Biociência Pura e Aplicada* 2(6), 185-194.

Regnault-Roger C., Vincent C. e Arnason J.T. (2012) Óleos essenciais no controlo de insectos: produtos de baixo risco num mundo de alto risco. *Revisão Anual de Entomologia* 57, 405-424.

Rim I., e Jee C.H. (2006) Efeitos acaricidas de óleos essenciais de ervas contra *Dermatophagoides farinae* e *Dermatophagoides pteronyssinus* (Acari: Pyroglyphidae) e análise qualitativa de uma erva, *Mentha pulegium* (poejo). *Jornal Coreano de Parasitologia* 44(2), 133-138.

Robinson W.H. (2005) Urban insects and arachnids: A handbook of urban entomology. Cambridge University Press Londres, Reino Unido.

Saad E.Z., Hussain R., Sahel E. e Ahmed Z. (2006) Actividades acaricidas de alguns óleos essenciais e constituintes monoterpenoidais contra o ácaro do pó da casa, *Dermatophagoides pteronyssinus* (Acari: Pyroglyphidae). *Journal of Zhejiang University Science* B7(12), 957-962.

Salama E.M. (2015) Uma nova utilização do alúmen de potássio como agente de controlo contra *Periplaneta americana* (Dictyoptera: Blattidae). *Jornal de Entomologia Económica* 108(6), 2620-2629. Doi.org/10.1093/jee/tov239.

Salehzadeha A. e Mahjub H. (2011) Efeito antagónico da azadiractina sobre a ciflutrina e a permetrina. *Jornal de Entomologia* 8, 95-100.

Sattar A., Nacem M. e Haq E.U. (2014) Eficácia de extractos de plantas contra térmitas subterrâneas, ou seja, *Microtermes obesi* e *Odontotermes lokanandi* (Blattodea: Termitidae). *Jornal de Biodiversidade, Bioprospecção e Desenvolvimento* 1, 122 (DOI: 10.4172/2376-0214.1000122.

Schultz G., Peterson C. e Coats J. (2006) Natural insect repellents: activity against mosquitoes and cockroaches, In: Natural Products for Pest Management (Eds. A.M. Rimando & S.O. Duke). ACS symposium series no. 927, American Chemical Society, Washington, DC, EUA, pp. 168-181.

Scocco C.M., Sutter D.R. e Gardner W.A. (2012) Repelência de cinco óleos essenciais a *Linepithema humile* (Hymenoptera: Formicidae). *Journal of Entomological Science* 47(2), 150-159.

Sharawi S.E., Abd-Alla S.M., Omara S.M. e Al-Ghamdi K.M. (2013) Toxicidade de contacto superficial dos óleos de cravinho e alecrim contra a barata *americana, Periplaneta americana* (L.). *African Entomology* 21, 324-332.

Sharma S., Verma M., Prasad R. e Yadav D. (2011) Efficacy of non-edible oil seed cakes against termites (*Odontotermes obesus*) *Journal of Scientific & Industrial Research* 70, 1037-1041.

Sharma S., Vasudevan P. e Madan M. (1990) Insecticidal value of castor (*Ricinus communis*) against termites. *International Biodeterioration* 27, 249-254.

Shiny K.S. e Remadevi O.K. (2014) Avaliação da atividade termiticida do óleo de casca de coco e sua comparação com conservantes de madeira comerciais. *Jornal Europeu de Madeira e Produtos de Madeira* 72, 139-141.

Silverman J., Sorenson C.E. e Waldvogel M.G. (2006) Traps-mulching Argentine ants. *Journal of Economic Entomology* 99(5), 1757-1760. Doi.org/10.1093/jee/99.5.757.

Singh N. e Sushilkumar A. (2008) Anti-termite activity of *Jatropha curcas* Linn, biochemicals. *Jornal de Ciências Aplicadas e Gestão Ambiental* 12(3), 67-69.

Singh G., Singh O.P., Prasad Y.R., Lampasona M.P. e Catalan C (2002) Studies on essential oils, Part 33, chemical and insecticidal investigations on leaf oil of *Coleus amboinicus* Lour. *Flavour and Fragrance Journal* 17(6), 440-442. Doi.10.1002/ffl123.

Siramon P., Ohtani Y. e Ichiura H. (2009) Biological performance of *Eucalyptus camaldulensis* leaf oils from Thailand against the subterranean termite, *Coptotermes formosanus* Shiraki. *Journal of Wood Science* 55, 41-46.

Sittichok K.S. e Soowera M. (2013) Atividade repelente e toxicidade ootecal de oito óleos essenciais de ervas contra a barata *americana, Periplaneta americana* L., Blattidae: Blattodea). Actas da 51st Conferência Anual da Universidade de Kasetsart, Banguecoque, Tailândia, 5-7 de fevereiro de 2013, pp. 220

Sittichok K.S., Soowera M. e Dandong R. (2013a) Atividade de toxicidade de óleos essenciais à base de plantas contra a barata alemã (*Blattella germanica* L., Blattellidae). *Jornal de Tecnologia Agrícola* 9, 1607-1612.

Sittichok K.S., Phaysa W. e Soowera M. (2013b) Atividade repelente do óleo essencial de plantas locais tailandesas contra a barata americana (*Periplaneta americana* L., Blattidae: Blattodea). *Jornal de Tecnologia Agrícola* 9, 1613-1626.

Snoddy E.T. e Appel A.G. (2013) Preferências de cobertura vegetal da barata asiática (Dictyoptera: Blattellidae). *Journal of Economic Entomology* 106(1), 322-328.

Doi.org/10.1603/EC12032.

Snoddy E.T. e Appel A.G. (2014) Eficácia no terreno e em laboratório de três insecticidas para a gestão da população da barata asiática (Dictyoptera: Blattellidae). *Jornal de Entomologia Económica* 107(1), 326-332. Doi.org/10.1603/EC 13342.

Stauffer R. (2009) Cockroaches, The environmentally friendly pest control, series no.1, University of Nevada Cooperative Extension, Las Vegas, Nevada, USA.

Teng L., Sun Y.Y., Zhang R.P. e Zhang Z.X. (2013) Atividade fumigante de oito óleos essenciais de plantas contra trabalhadores da formiga-de-fogo vermelha importada, *Solenopsis invicta*. *Sociobiology* 60(1), 35-40.

Thavara U., Tawatsin A., Bhakdeenuan P., Wongsinkongman P., Boonraud T., Bansiddhi J., Chavalittumrong P., Komalamisra N., Siriyasatien P. e Mulla M.S. (2007) Atividade repelente de óleos essenciais contra baratas (Dictyoptera: Blattidae, Blattellidae e Blaberidae) na Tailândia. *Southeast Asian Journal of Tropical Medicine and Public Health* 38, 663-673.

Thorne B.L., Breisch N.L. e Scherer C.W. (2015) Impactos em *Reticulitermes flavipes* (Infraordem Isoptera: Rhinotermitidae) pelo clorantraniliprole aplicado no solo em torno de túneis estabelecidos. *Journal of Economic Entomology* 108(5), 24142420. Doi.org/10.1093/jee/tov211.

Thornton S.T., Darracq M., Lo J. e Cantrell F.L. (2014) Ingestões de sementes de mamona: a experiência de um sistema estadual de controlo de venenos. *Clinical Toxicology* 52(4), 265-268.

Thorvilson H. e Rudd B. (2001) As coberturas vegetais são repelentes para as formigas-de-fogo vermelhas importadas? *Southwestern Entomologist* 26, 195-203.

Trumble J.T. (2002) Caveat emptor: safety considerations for natural products used in arthropod control. *American Entomologist* 48, 7-13.

Tunaz H., Er M.K. e Isikber A.A. (2009) Toxicidade fumigante de óleos essenciais de plantas e componentes monoterpenóides selecionados contra a barata alemã adulta, *Blattella germanica* (L.) (Dictyoptera: Blattellidae). *Jornal Turco de Agricultura e*

Silvicultura 33, 211-217.

Udakhe J., Shrivastava N. e Honade S. (2014) Libertação de fragrância e atividade repelente de traças de óleos essenciais naturais. *Colourage* 61(5), 33-38.

Verma M., Sharma S. e Prasad R. (2009) Biological alternatives for termite control: a review. *International Biodeterioration & Biodegradation* 63, 959-972.

Verma S.K., Verma, R.K. e Saxena K.D. (2004) Bioeficácia de extractos de ervas contra térmitas de construção, *Microcerotermes beesoni*. *Pestology* 28(6), 19-22.

Verma S., Sharma S. e Malik A. (2016) Eficácia termiticida e repelente de produtos botânicos contra *Odontotermes obesus*. *Revista Internacional de Investigação em Biociências* 5(2), 52-59.

Wang C. e Bennett G.W. (2006) Estudo comparativo da gestão integrada de pragas e do isco para a gestão da barata alemã em habitações públicas. *Jornal de Entomologia Económica* 99(3), 879-885. Doi.org/10.1093/jee/99.3.879.

Wang J.J., Tasi H., Ding W., Zhao Z.M. and Li L.S. (2001) Toxic effects of six plant oils alone and in combination with controlled atmosphere on *Liposcelis bostrychophila* (Psocoptera: Liposcellididae). *Journal of Economic Entomology* 94(5), 1296-1301. Doi.org/10.1603/0022-0493-04.5.1296.

Wang S.Y., Li W.C., Chu F.H., Lin C.T., Shen S.Y. e Chang S.T. (2006) O óleo essencial das folhas de *Cryptomeria japonica* actua como repelente e inseticida do peixe-prata (*Lepisma saccharina*). *Journal of Wood Science* 52(6), 522-526.

Wang T.J., Zhang H., Zeng L. e Xu Y. (2012) Efeitos repelentes de cinco óleos essenciais de plantas na formiga-de-fogo importada vermelha, *Solenopsis invicta*. *Sociobiology* 59(3), 695-701.

Wang C.F., Yang K., You C.X., Zhang W.J., Gud S.S., Geng Z.F. e Wang Y.Y. (2015) Composição química e atividade inseticida de óleos essenciais de folhas e raízes de *Zanthoxylum dissitum* contra três espécies de pragas de armazenamento. *Molecules* 20(5), 7990-7999.Doi.10.3390/molecules20057990.

Wen Y., Ma T., Chen X., Liu Z., Zhu C. e Zhang Y. (2016) Bálsamo essencial: um forte repelente contra a formiga-de-fogo vermelha importada (Hymenoptera: Formicidae) que se alimenta e defende. *Jornal de Entomologia Económica* 109(4), 1827-1833. Doi.org/10.1099/jee/tow130.

Witz B.A., Sutter D.R. e Gardner W.A. (2007) Dissuasão e toxicidade de óleos essenciais em formigas-de-fogo argentinas e vermelhas importadas (Hymenoptera: Formicidae). *Journal of Entomological Science* 42(2), 239-249.

Wu H.Q., Li J., He Z.D. e Gang Z. (2010) Actividades acaricidas da medicina tradicional chinesa contra o ácaro do pó da casa, *Dermatophagoides farinae*. *Parasitologia* 137(6), 975-983. Doi.org/10.1017/50031182009991879.

Wu H.Q., Li L., Li J., He Z.D., Liu Z.G., Zeng Q.Q. e Wang Y.S. (2012) Atividade acaricida do DHEMH, derivado do óleo de patchouli, contra o ácaro do pó da casa, *Dermatophagoides farinae*. *Boletim Químico e Farmacêutico* 60(2), 178-182.

Wu X. e Appel A.G, (2017) Resistência a insecticidas de várias estirpes de baratas alemãs (Dictyoptera: Blattellidae) recolhidas no terreno. *Jornal de Entomologia Económica* 110(3), 1203-1209. Doi.org/10.1093/jee/tox072.

Yeom H.J., Kang J., Kim S.W. e Park I.K. (2013) Toxicidade fumigante e de contacto de óleos essenciais de plantas Myrtaceae e misturas dos seus constituintes contra adultos de barata alemã (*Blattella germanica*) e a sua atividade inibidora da acetilcolinesterase. *Pesticide Biochemistry and Physiology* 107(2), 200-206.

Yoon C., Kang S.H., Yang J.O., Noh D.J., Pandiyan I. e Kim G.H. (2009) Atividade repelente de óleos de citrinos contra baratas, *Blattella germanica, Periplaneta americana* e *P. fuliginosa*. *Journal of Pesticide Science* 34(2), 77-80. Doi.org/10.1584/jpestics.G07-30.

Yuan, Z. e Hu, X.P. (2012) Actividades repelente, antifeedante e tóxica do extrato de folhas de *Lantana camara* contra *Reticulitermes flavipes* (Isoptera: Rhinotermitidae). *Journal of Economic Entomology* 105(6), 2115-2121. Doi.org/10.1603/EC12036.

Zhang Z.X. (2015) A atividade inseticida e repelente do solo contendo detritos de folhas de canela contra trabalhadores de formigas-de-fogo importadas vermelhas. *Sociobiologia* 62(2), 4651.

Zhao J., Dong Y., Yu B., Zhang Z. e Mo J. (2012) Pó de ivermectina para o controlo de *Coptotermes formosanus* em áreas residenciais. *Sociobiology* 59, 1365-1373.

Zhao M.B., Liu X.C., Lai D., Zhou L. e Liu Z.L. (2016) Análise do óleo essencial das partes aéreas de *Elsholtzia* citrate e da sua atividade inseticida contra *Liposcelis bostrychophila. Helvetica Chimica Ata* 90, 90-94.

Zhu B.C.R., Henderson G., Chen F., Fei H.X. e Laine R. (2001) Evaluation of vetiver oil and seven insect-active essential oils against the Formosan subterranean termite. *Journal of Chemical Ecology* 27, 1617-1625.

Zibaee I., Khorram P.B. e Hamoni M. (2016) Avaliação da atividade repelente de óleos essenciais e da sua formulação mista contra baratas (Dictyoptera, Blattidae, Blattellidae) no Irão. *Jornal de Estudos de Entomologia e Zoologia* 4(4), 106-113.

Printed by Books on Demand GmbH, Norderstedt / Germany